W0263266

Jürgen Hotz (Hrsg.)

Motilitätsstörungen im oberen Gastrointestinaltrakt

Pathophysiologie, Pharmakologie und Differentialtherapie

Unter Mitarbeit von
D. Hellenbrecht   J. Janssens   P. Knoflach
G. Vantrappen

Mit 12 Abbildungen

Springer-Verlag
Berlin Heidelberg New York
London Paris Tokyo
Hong Kong Barcelona

Professor Dr. med. JÜRGEN HOTZ
Chefarzt der Gastroenterologischen Abteilung
Allgemeines Krankenhaus Celle
Siemensplatz 4
W-3100 Celle, FRG

ISBN-13: 978-3-540-53274-3   e-ISBN-13: 978-3-642-76148-5
DOI: 10.1007/ 978-3-642-76148-5

Dieses Werk ist urheberrechtlich geschützt. Die dadurch begründeten Rechte, insbesondere die der Übersetzung, des Nachdrucks, des Vortrags, der Entnahme von Abbildungen und Tabellen, der Funksendung, der Mikroverfilmung oder der Vervielfältigung auf anderen Wegen und der Speicherung in Datenverarbeitungsanlagen, bleiben, auch bei nur auszugsweiser Verwertung, vorbehalten. Eine Vervielfältigung dieses Werkes oder von Teilen dieses Werkes ist auch im Einzelfall nur in den Grenzen der gesetzlichen Bestimmungen des Urheberrechtsgesetzes der Bundesrepublik Deutschland vom 9. September 1965 in der jeweils gültigen Fassung zulässig. Sie ist grundsätzlich vergütungspflichtig. Zuwiderhandlungen unterliegen den Strafbestimmungen des Urheberrechtsgesetzes.

© Springer-Verlag Berlin Heidelberg 1990

Die Wiedergabe von Gebrauchsnamen, Handelsnamen, Warenbezeichnungen usw. in diesem Werk berechtigt auch ohne besondere Kennzeichnung nicht zu der Annahme, daß solche Namen im Sinne der Warenzeichen- und Markenschutz-Gesetzgebung als frei zu betrachten wären und daher von jedermann benutzt werden dürften.

Produkthaftung: Für Angaben über Dosierungsanweisungen und Applikationsformen kann vom Verlag keine Gewähr übernommen werden. Derartige Angaben müssen vom jeweiligen Anwender im Einzelfall anhand anderer Literaturstellen auf ihre Richtigkeit überprüft werden.

Satz: K+V Fotosatz GmbH, Beerfelden
19/3130-543210 — Gedruckt auf säurefreiem Papier

Vorwort des Herausgebers

In den letzten 2 Jahrzehnten war das klinische Interesse am oberen Gastrointestinaltrakt im wesentlichen konzentriert auf morphologische Veränderungen wie erosive Ösophagitis, Ulkuskrankheit, chronische Gastritis und Frühkarzinom des Magens. Hierbei wurden die endoskopischen und bioptisch-histologischen diagnostischen Kriterien als Basis einer gezielten Therapie wissenschaftlich definiert und standardisiert. Mit dem besseren Verständnis der morphologischen Veränderungen im oberen Gastrointestinaltrakt wurde es aber immer deutlicher, daß es eine große Anzahl von Patienten gibt, die unter oft quälenden starken Oberbauchbeschwerden mit dyspeptischen Symptomen leiden, ohne daß eine relevante endoskopisch oder histomorphologisch nachweisbare organische Veränderung erkennbar ist. In anderen Fällen findet sich keine ausreichende Korrelation zwischen den gefundenen Veränderungen und den entsprechenden Beschwerden wie z. B. bei der chronischen Gastritis. Aus diesem Grunde wurde das Konzept der gestörten Motilität als Grundlage für eine Reihe von dyspeptischen Oberbauchbeschwerden eingeführt und in den letzten Jahren näher studiert. Zahlreiche neue Befunde haben den Kenntnisstand über die Physiologie und Pathophysiologie wie auch über die pharmakologische Beeinflußbarkeit der gastrointestinalen Motilität bereichert. Aus diesen neueren Kenntnissen wurden neue Medikamente und Therapiekonzepte entwickelt.

Das vorliegende Buch ist das Ergebnis einer wissenschaftlichen Sitzung, die Anfang Juni 1990 während der European Digestive Disease Week in Wien abgehalten wurde. Hierbei war es das Ziel, die neuen Befunde zur Physiologie, Pathophysiologie und Pharmakologie der Motilität des oberen Gastrointestinaltraktes übersichtlich und zusammenfassend darzustellen und aus dem jetzigen Kenntnisstand allgemein praktisch anwendbare Richtlinien für die therapeutische Führung der Patienten mit den wichtigsten Motilitätsstörungen des oberen Gastrointestinaltraktes zu erarbeiten. Neben der Refluxösophagitis ist dies besonders das Reizmagensyndrom (nichtulzeröse Dyspepsie) mit die häufigste und damit wichtigste Erkrankung des oberen Gastrointestinaltraktes. So wurde kürzlich von Herrn Professor Dr. L. Demling geschätzt, daß in der BRD mit 60 Mio. Einwohnern ca. 1/3, d. h. 20 Mio., an dyspeptischen Beschwerden leiden, von denen jedoch nur ca. 25%, d. h. 5 Mio., deshalb den Arzt aufsuchen. Von diesen wiederum findet sich in ca. 1/3 der Fälle, also 1,5 Mio., ein organisch ursächlicher Befund. Bei dem Rest, also bei mehr als 3 Mio., wird ein Reizmagensyndrom diagnostiziert, welches gleichzeitig auch mit funktionellen Dickdarmbeschwerden einhergehen kann. Diese Zahlen unterstreichen die Bedeutung von funktionellen Motilitätsstörungen im oberen Gastrointestinaltrakt und decken sich mit der Einschätzung, daß in einer gastroenterologisch orientierten Praxis ca. 30–40% aller Patienten wegen funktionell bedingter Motilitätsstörungen untersucht und behandelt werden.

Das vorliegende Buch möge dem in Praxis und Klinik internistisch und gastroenterologisch tätigen Arzt den augenblicklichen Kenntnisstand übersichtlich und zusammenfassend so vermitteln, daß er direkten praktischen Nutzen für seine tägliche Arbeit daraus ziehen kann.

Celle, Herbst 1990   J. Hotz

Inhaltsverzeichnis

Mitarbeiterverzeichnis

HELLENBRECHT, D., Priv.-Doz. Dr. med.
Zentrum der Pharmakologie, Universität Frankfurt
Theodor-Stern-Kai 7
W-6000 Frankfurt am Main 70, FRG

HOTZ, J., Prof. Dr. med.
Chefarzt der Gastroenterologischen Abteilung
Allgemeines Krankenhaus Celle
Siemensplatz 4
W-3100 Celle, FRG

JANSSENS, J., Prof. Dr.
Abteilung Innere Medizin, Bereich Gastroenterologie
Universitätsklinik Gasthuisberg der Universität Leuven
Heresstraat 49
B-3000 Leuven, Belgium

KNOFLACH, P., Priv.-Doz. Dr. med.
II. Universitätsklinik für Gastroenterologie und Hepatologie
Garnisongasse 13
A-1090 Wien, Austria

VANTRAPPEN, G., Prof. Dr.
Abteilung Innere Medizin, Bereich Gastroenterologie
Universitätsklinik Gasthuisberg der Universität Leuven
Heresstraat 49
B-3000 Leuven, Belgium

Pharmakologie von Prokinetika

D. Hellenbrecht

Einleitung

Die Häufigkeit der Behandlung von Übelkeit und Erbrechen als Folge von
Krankheitszuständen, die mit gastrointestinalen Motilitätsstörungen einhergehen, steigt ständig (Reynolds 1989). Im folgenden soll die pharmakologische
Wirkungsweise und die klinische Anwendung einiger bekannter Verbindungen
dargestellt werden. Darüber hinaus soll ein Einblick in die Zusammenhänge
von Motilitätsstörungen und Übelkeit bzw. Erbrechen gegeben werden.
Schließlich sollen Ergebnisse von pharmakologischen Neuentwicklungen dargestellt werden, die selektiver gegenüber Motilitätsstörungen einerseits und gegen starke Übelkeit und Emesis andererseits eingesetzt werden können.

Gegen funktionelle Magen-Darm-Beschwerden empfahlen die Lehrbücher
der inneren Medizin und Pharmakologie noch Anfang der 70er Jahre neben
Antazida, Kamilleextrakten und Belladonnaalkaloiden auch Chlorpromazin
und Diazepam. Als prokinetische Pharmaka im engeren Sinne waren lediglich
direkte und indirekte Parasympathomimetika (sog. M 3-Cholinozeptoragoni-
sten der neueren Nomenklatur, s. S. 9) verfügbar. Acetylcholinanaloga wie
Carbachol und Bethanechol fördern die Magenentleerung und die Motilität
des Dünn- und Dickdarms. Derartige Verbindungen weisen jedoch neben ihren
nur sehr geringen glattmuskulär stimulierenden Wirkungen (McCallum et al.
1983; Reynolds 1989) eine Fülle von weiteren muskarinergen unerwünschten
Wirkungen auf, wie z. B. Stimulation der Magensäure, der Speichel-, Schweiß-
und Bronchialdrüsen, verbunden mit Bronchospasmus, sowie kardiovaskuläre
Wirkungen.

Mit der Entdeckung von Metoclopramid in Frankreich durch Justin-Besan-
con u. Laville 1964 sowie Boisson u. Albot 1966 (Literatur bei Sanger u. King
1988) begann eine neue Ära der gastrointestinalen und psychopharmakologi-
schen Entwicklung: Durch geringfügige Abänderung des Antiarrhythmikums
Procainamid zum Methoxy-chlor-procainamid entstand ein potentes Antiemetikum und Prokinetikum einer neuen Klasse, der Benzamide. Aus der chemischen Struktur von Metoclopramid ist zu erkennen, daß das Ringsystem in 2
verschiedenen räumlichen Anordnungen vorliegen kann (Abb. 1): Zwischen
der Methoxygruppe des Rings und dem Stickstoff der Aminogruppe in der
Seitenkette ist eine stabilisierende Wasserstoffbrückenbindung nachweisbar
(Anker et al. 1984; Clark u. Garcia-Roura 1989), welche die Bildung einer

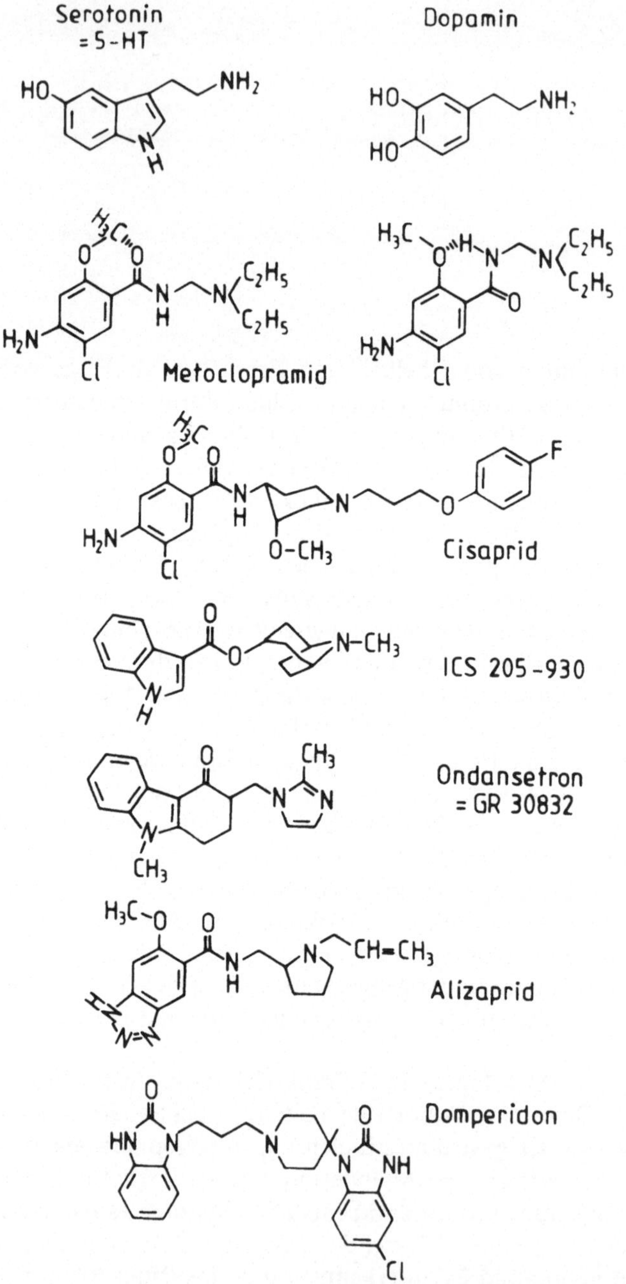

Abb. 1. Chemische Struktur von Pharmaka mit Affinität zu dopaminergen oder serotonergen Rezeptoren, die Motilität, Nausea oder Emesis vermitteln. Bei Metoclopramid sind die beiden möglichen Pseudoringstrukturen des Benzamidrings mit der Seitenkette angegeben

„Pseudoringstruktur" zuläßt. Diese hat Ähnlichkeit zu Dopamin. Eine 2. Pseudoringstruktur, durch Brückenbildung des Methoxykohlenstoffs mit der Carbonylgruppe der Seitenkette (Cesario et al. 1981), führt zu räumlicher Ähnlichkeit mit Serotonin (Abb. 1). Damit ist die Affinität von Metoclopramid zu dopaminergen und serotonergen Rezeptoren „erklärt". In Abb. 1 sind weitere Benzamide wie Cisaprid und Nichtbenzamide wie ICS 205-930, Ondansetron, Alizaprid und Domperidon dargestellt, deren Affinitäten zu dopaminergen und serotonergen Rezeptoren stellvertretend für eine Reihe weiterer Verbindungen erläutert werden sollen.

Metoclopramid wurde in Frankreich als Primperan, in Deutschland als Paspertin, in England als Maxolon, später in den USA als Reglan eingeführt. Bereits ca. 10 Jahre später existierten mindestens 200 Publikationen zu Metoclopramid (Pinder et al. 1976). Man kann wohl sagen, daß Metoclopramid nicht nur jahrzehntelang stimulierend auf die Magen-Darm-Motilität einwirkte, sondern bis heute auch ein potenter Stimulator der gastrointestinalen Physiologie und Pharmakologie ist.

Präklinische Pharmakologie

Physiologische Faktoren der Motilität und Nausea

Lange Zeit glaubte man, daß der Magen-Darm-Trakt ein passiver Organbezirk sei, der durch vegetative Impulse aus dem ZNS gesteuert wird. In der Tat kann durch Reizung in einigen zentralnervösen Bezirken die Motilität gefördert werden. Solche Bezirke liegen kortikal oder subkortikal, insbesondere in Mesencephalon, Pons, Cerebellum und Medulla oblongata (Christensen 1988).

Motorische vegetative Bahnen

Die efferenten Nervenbahnen entspringen einerseits den medullären vegetativen Zentren und andererseits den segmentalen Zentren des Rückenmarks (Abb. 2). Im Vagusnerven finden sich 2 Fasertypen: postganglionäre sympathische Fasern, die vom Ganglion cervicale superior ausgehen, und präganglionäre parasympathische Fasern, die aus dem dorsalen motorischen Vaguskern des Hirnstammes entspringen (Abb. 2). Als weitere vegetative Bahnen fungieren die segmental aus dem Rückenmark entspringenden präganglionären sympathischen Nervenbahnen. Insbesondere die parasympathischen Bahnen sind als lange Reflexbahnen für die Motilität wesentlich (Christensen 1988).

Sensorische Funktionen des N. vagus

Eine bemerkenswerte Wandlung in der Interpretation der vagalen Einflüsse ergab sich aufgrund neuerer Erkenntnisse. Diese besagen, daß der Vagusnerv auf

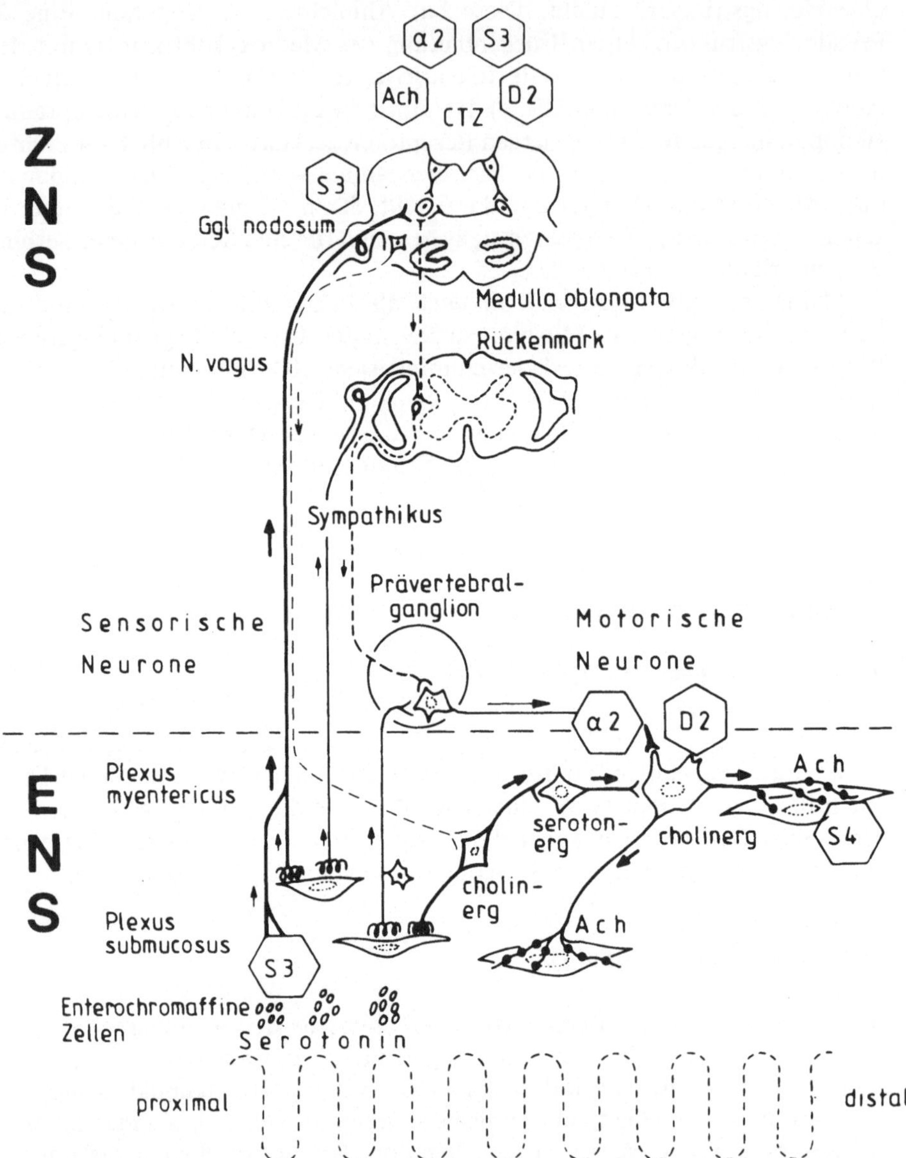

Abb. 2. Vereinfachtes Schema der Lokalisation von noradrenergen (α_2), dopaminergen ($D\,2$) und serotonergen ($S\,3$, $S\,4$) Rezeptoren und Neuronen, die im Zentralnervensystem (*ZNS*) bzw. im enterischen Nervensystem (*ENS*) Motilität, Nausea oder Emesis vermitteln

der Ebene des Zwerchfells mehr als 50000 sensorische Afferenzen enthält, jedoch weniger als 2000 motorische Efferenzen (Mei 1983; Wood 1987). Somit liegt der motorische Anteil des Vagusnerven unterhalb von 5%. Im übrigen ist das Verhältnis von parasympathischen zu sympathischen Fasern im oberen Vagus des Gastrointestinaltraktes besonders hoch (Mei 1983).

Vagale Nervenendigungen als physiologische Rezeptoren für Motilität, Nausea und Emesis

Die vagalen sensorischen Fasern sind überwiegend markarm. Diese, wie auch die sympathischen Fasern, enden generell in der Form freier Nervenendigungen, mit der einzigen Ausnahme der Pacini-Körperchen. In der Darmwand gibt es mindestens 2 Typen von Mechanorezeptoren:

(1) Dehnungsrezeptoren in der Längs- und Ringmuskulatur, welche über den mechanischen Zustand der Darmwand informieren, und (2) Oberflächenrezeptoren in der Mukosa und Submukosa, die für Berührungsreize empfindlich sind, manche von ihnen auch für chemische Reizung (Mei 1983). Im übrigen sind bei der Koordination der Motilität neben Mechano- und Chemorezeptoren auch Thermo- und Osmorezeptoren beteiligt.

Die Zusammenhänge zwischen Motilitätsstörungen und Nausea bzw. Emesis sind experimentell nicht sehr eingehend aufgeklärt (Read u. Houghton 1989). Es wurde gefunden, daß während Zuständen von Übelkeit der Magenfundus relaxiert und die Motilität von Antrum und Duodenum gelähmt ist. Nausea kann durch eine Vielzahl von verschiedenen Stimuli erzeugt werden (Read u. Houghton 1989): Dehnungsreize im Gastrointestinaltrakt, chemische Stimulierung von intestinalen Chemorezeptoren und eine Vielzahl von systemischen Erkrankungen und Toxinen. Unabhängig von der Art und Weise, wie Nausea erzeugt wird, führt sie vermutlich zu den gleichen Motilitätsstörungen (Read u. Houghton 1989). Dabei verlaufen die stärksten Auslöser vermutlich über die Chemorezeptoren (z. B. bei Zytostatikatherapie).

Alles in allem wirken milde, physiologische Reize wie Nahrungsbestandteile vermutlich hemmend auf die Geschwindigkeit der Magenentleerung, während intensivere Reize Übelkeitsgefühl erzeugen (Read u. Houghton 1989).

Pharmakologische Neurotransmitter und Rezeptoren, die Nausea und Emesis im Zentralnervensystem (ZNS) vermitteln

Muskarinrezeptoren

Nach dem klassischen Konzept von Wang u. Borison 1951 (Literatur s. Carpenter 1990) führt lokale Reizung der Magenschleimhaut, z. B. durch Gabe von Kupfersulfat, oral oder parenteral (!), zur vagalen Irritation und damit Erregung des Brechzentrums (Abb. 2). Vagotomie verhindert die so entstandene Übelkeit. Erregend wirken hier vermutlich cholinerge Reize, wie Acetylcholin, Pilocarpin und Physostigmin (Tabelle 1), während Atropin diese Reize blockiert (Borison u. Wang 1953).

Adrenerge Rezeptoren

Neben dem Brechzentrum ist wohl die wichtigste Schaltstelle von Übelkeit und Erbrechen die Chemorezeptoren-triggerzone (CTZ; Abb. 2) in der Area postrema am Boden des IV. Ventrikels (Borison u. McCarthy 1983).

Tabelle 1. Zentralnervöse Neurotransmitter und Pharmaka bei
Nausea und Emesis ($\oplus$ Förderung, $\ominus$ Hemmung von Nausea
und Emesis)

Rezeptortyp Transmitter	Rezeptoragonist (Stimulans)	Rezeptorantagonist (Blocker)
	$\oplus$	$\ominus$
M Acetylcholin (Ach)	Pilocarpin Physostigmin	Atropin Scopolamin
	$\oplus$	$\ominus$
α_2 Noradrenalin	Noradrenalin	Yohimbin
	$\oplus$	$\ominus$
D 2 Dopamin	Apomorphin Levodopa Secalealkaloide	Domperidon Metoclopramid Alizaprid
	$\oplus$	$\ominus$
S 3 Serotonin	Serotonin 2-Methyl-serotonin	Metoclopramid ICS 205-930 MDL 72222 Ondansetron BRL 20627 Zacoprid

Die direkte Injektion von Noradrenalin in Neurone der CTZ wirkt mittel-
gradig erregend (Carpenter 1990). Wird Dopamin bei Katzen intraventrikulär
injiziert, läßt sich Brechreiz auslösen, welches durch den α_2-Rezeptoren-
blocker Yohimbin stärker als durch Dopaminrezeptorenblocker hemmbar ist
(Jovanovic-Micic et al. 1989; Tabelle 1).

Dopaminrezeptoren

Zu den klassischen dopaminergen emetogenen Reizen der CTZ zählen Apomorphin, Levodopa und eine Reihe von Secalealkaloiden. Auf diese Weise
wurde seinerzeit die antiemetische Wirksamkeit von Metoclopramid und diejenige weiterer Dopaminrezeptorenblocker wie Alizaprid und Domperidon
(Abb. 1; Tabelle 1) definiert. Im Unterschied zu Neuroleptika, die hohe Affinität zu D 1-Rezeptoren besitzen und deshalb auch ausgeprägte extrapyramidalmotorische Störungen auslösen, haben sog. „atypische" Neuroleptika wie
Domperidon, Metoclopramid und Alizaprid (Tabelle 1) hohe Affinität zu
D 2-Rezeptoren der CTZ. Daher können sie spezifisch apomorphininduzierte
Wirkungen blockieren (Jenner u. Marsden 1979).
    Gleichzeitig kann Apomorphin über eine Stimulierung der D 2-Rezeptoren
der CTZ inhibitorische Vaguseferenzen anregen, welche in der Peripherie die
Magenmotilität vermindern (Willems u. Lefevre 1986).

Serotonerge Rezeptoren

Inzwischen haben elektrophysiologische Arbeiten mit direkter Ableitung der chemischen Empfindlichkeit von Neuronen der CTZ ergeben, daß diese Zellen Rezeptoren für nahezu alle Substanzen besitzen, die im Nervensystem vorkommen (Carpenter 1990). Zu den am stärksten erregenden Substanzen zählen Serotonin und Histamin, aber auch verschiedene Neuropeptide, die im Bereich des Gastrointestinaltrakts als Boten- oder Überträgerstoffe wirken (vgl. Costa et al. 1987).

Im Tierversuch kann die Injektion von 2-Methyl-serotonin (Tabelle 1) in die Area postrema Nausea erzeugen (Higgins et al. 1989). Die Injektion von sog. S 3-Rezeptorenblockern (s. S. 11) wie Ondansetron, MDL 72222 oder Zacoprid unterdrückt dosisabhängig cisplatininduziertes Erbrechen (Smith u. Callahan 1988; Higgins et al. 1989).

Die Beteiligung von serotonergen Rezeptoren bei der Auslösung von Übelkeit und Erbrechen ist somit erwiesen. Möglicherweise sind hier enkephalinerge Neurone oder Rezeptoren mitbeteiligt. Hier ist ein weiterer Angriffspunkt von Metoclopramid zu sehen: Wird cisplatininduziertes Erbrechen mit suboptimalen Dosen von Metoclopramid behandelt, dann läßt sich der antiemetische Schutz von Metoclopramid durch gleichzeitig transdermale elektrische Nervenstimulation auf ein Mehrfaches steigern (Saller et al. 1986). Durch die Nervenstimulation werden also Mechanismen erleichtert, die auch einen antiemetischen Angriffspunkt für Metoclopramid haben.

Aus der inzwischen rasch wachsenden Familie der Serotoninrezeptorsubtypen ist in den letzten Jahren im ZNS und im Ganglion nodosum (Abb. 2) ein S 3-Rezeptor definiert worden, der sich u. a. in medullären Zentren nachweisen läßt (Übersicht bei Sanger 1990). Zu diesen S 3-Rezeptoren hat Metoclopramid Affinität. Weitere Substanzen mit noch höherer Affinität zu S 3-Rezeptoren sind von verschiedenen Arbeitsgruppen entwickelt worden. Sie besitzen zum Teil ausgeprägte prokinetische Eigenschaften im Tierversuch oder in der Klinik (z. B. das Benzamid BRL 20627, vgl. Staniforth 1987). S 3-Rezeptorenblocker werden insbesondere gegen Chemotherapie-induzierte Nausea und Emesis eingesetzt (Übersicht bei Sanger u. King 1988; Sanger 1990).

Physiologische und pharmakologische Neutrotransmitter und Rezeptoren im enterischen Nervensystem (ENS), die Motilität, Nausea und Erbrechen vermitteln

Zunächst einige neuere Daten zur neuronalen Steuerung im Gastrointestinaltrakt (Wood 1987): Mindestens 200 Mio. Ganglienzellen finden sich allein im Bereich des Dünndarms. Die Gesamtzahl von Neuronen im Gastrointestinaltrakt ist vergleichbar mit derjenigen im Rückenmark (Costa et al. 1987).

Die Anzahl der Ganglienzellen in bezug auf die Organoberfläche variiert in einzelnen Darmabschnitten beträchtlich, etwa um den Faktor 30–50. Bezieht man jedoch die Ganglienzellzahlen auf die jeweils vorhandene Masse an glatter Muskulatur, so ergeben sich relativ einheitlich Zahlen von 400—1700 Ganglienzellen pro Gramm glatter Muskulatur (Christensen 1988).

Die reichhaltige neuronale Versorgung des Gastrointestinaltraktes zusammen mit seiner Fülle von Neurotransmittern, Hormonen und Rezeptoren führte dazu, von einem eigenen „intestinalen Gehirn" zu sprechen, welches einer eigenen Steuerung unterliegt. Festverschaltete neuronale Reflexprogramme steuern demnach den Ablauf der Motilität und der Verdauungsfunktionen. Die neuronale Verschaltung läßt sich mit der Hardware eines modernen Computers vergleichen, dessen Steuerprogramme automatisch ablaufen. Die übergeordneten zentralnervösen Zentren der „Schaltzentrale" treten möglicherweise nur dann in Aktion, wenn aus der Peripherie Störungen signalisiert werden. Daß die Motilität der Magenentleerung nicht auf die vagale Versorgung angewiesen ist, ergibt sich z. B. aus dem Umstand, daß nach Vagotomie nur gelegentlich und meist vorübergehend eine Gastroparese auftritt (Minami u. McCallum 1984; Mistiaen et al. 1990).

Trotz vielfältiger Bemühungen der Physiologen ist es bislang nicht möglich, ein adäquates Modell des peristaltischen Reflexes aufzuzeichnen (Wood 1987). Unabhängig davon lassen sich mit pharmakologischen und histochemischen Methoden unterschiedliche Neurone und Rezeptoren kennzeichnen und in ihrer Funktion auf die Motilität charakterisieren. Ein sehr reduziertes Modell eines solchen Schaltkreises soll die wichtigsten Gesichtspunkte aus pharmakologischer Sicht charakterisieren (Abb. 2).

Muskarinrezeptoren (M 3)

Die klassischen Muskarinrezeptoren vom Subtyp M 3 (Literatur bei Kilbinger u. Nafziger 1985) sitzen als postjunktionale Rezeptoren direkt auf der glatten Muskulatur und werden durch das aus postganglionären cholinergen Neuronen Acetylcholin (Ach) erregt, was zur Kontraktion führt (Tabelle 2; Abb. 2). Direkt wirkende Parasympathomimetika wie Carbachol und Bethanechol sowie indirekt wirkende Verbindungen aus der Reihe der Cholinesterasehemmstoffe, z. B. Physostigmin, haben hier ihren hauptsächlichen Angriffspunkt. Derartige Wirkungen lassen sich mit tertiären oder quaternären Atropinverbindungen blockieren (Tabelle 2). Daneben existieren eine Reihe weiterer muskarinerger Rezeptoren, die an Neuronen z. B. präjunktional lokalisiert sind und die Ach-Freisetzung modulieren (Übersicht s. Kilbinger u. Nafziger 1985). Diese und andere cholinerge Rezeptoren z. B. vom Nikotintyp sollen hier wegen ihrer bislang fehlenden praktischen Bedeutung für die Motilität nicht weiter besprochen werden.

Noradrenerge Rezeptoren (α₂)

Als Transmitter der postganglionären sympathischen Neurone wirkt Noradrenalin ubiquitär im Gastrointestinaltrakt auf α_2-Rezeptoren, die an choliner-

Tabelle 2. Motilitätswirksame Neurotransmitter und Pharmaka im enterischen Nerven-system (ENS; ⊕ motilitätsfördernd, ⊖ motilitätshemmend)

Rezeptortyp Transmitter	Lokalisation	Wirkungs-mechanismus	Rezeptor-agonist (Stimulation)	Rezeptor-antagonist (Blocker)
M 3 Acetylcholin (Ach)	Gastrointestinal, glatte Muskula-tur	Erregung durch Ach	⊕ Carbachol Bethanechol Physostigmin	⊖ Atropin N-Butyl-scopolamin
α_2 Noradrenalin	Sympathisch, postganglionäre, Neurone	Hemmung der Ach-Freisetzung	⊖ Clonidin	⊕ Yohimbin
D 2 Dopamin	Cholinerge Neurone	Hemmung der Ach-Freisetzung	⊖ Dopamin Apomorphin Levodopa LY 171555	⊕ Metoclopramid Domperidon
S 3 Serotonin (5-HT)	Vagale und sympathisch-sensorische Neurone	Afferenzen für Nausea und Emesis zum ZNS (z. B. CTZ)	⊖ Serotonin 2-Methyl-5-HT	⊕ Metoclopramid ICS 205-930 MDL 72222 BRL 43694 Ondansetron
S 4 Serotonin (5-HT)	Myenterische Neurone	cAMP-ver-mittelte För-derung der Ach-Freiset-zung	⊕ Serotonin 5-Methoxy-tryptamin 5-Hydroxy-tryptophan Metoclopramid BRL 20627 Zacoprid Renzaprid Cisaprid	⊘ ICS 205-930

gen Neuronen die Ach-Freisetzung hemmen (Tabelle 2; Abb. 2; Übersicht bei Rand et al. 1980; Frigo et al. 1984). Somit vermindern α_2-Sympathomimetika wie Clonidin die gastrointestinale Motilität. Der α_2-Rezeptorenblocker Yohimbin wirkt hier als Rezeptorenblocker (Daniel 1982).

Dopaminerge Rezeptoren (D 2)

Obwohl spezielle dopaminproduzierende Neurone offensichtlich im Gastroin-testinaltrakt nicht vorkommen (Übersicht bei Furness u. Costa 1982; Fernandez u. Massingham 1985; Costa et al. 1987), wirken dopaminerge Verbindungen wie Apomorphin und Levodopa (Tabelle 2) im pharmakologischen und klinischen Experiment hemmend auf die Motilität, insbesondere auf die Geschwindigkeit der Magenentleerung (Akwari 1983; Malagelada 1984; Schuurkes u. van Nueten 1984; Robertson et al. 1990). Durch Gabe von Metoclopramid, Alizaprid oder Domperidon (Tabelle 2) werden die hemmenden Wirkungen blockiert (Berkowitz u. McCallum 1980; Valenzuela u. Dooley 1984; Marzio et al. 1990).

Als Wirkungsmechanismus kommt eine hemmende Wirkung auf die Ach-Freisetzung an postganglionären cholinergen Neuronen in Betracht. Sie läßt sich auch mit einem hochselektiven D 2-Rezeptorstimulans (LY 171 555, vgl. Tabelle 2) nachahmen (Kusonoki et al. 1985). Allerdings haben andere Autoren gezeigt (Görich et al. 1982), daß zumindest am isolierten Meerschweinchenileum die Wirkung von Dopamin eher durch eine Stimulierung von α-Rezeptoren erklärbar ist, u. a. deshalb, weil Neuroleptika als Dopaminrezeptorenblocker nicht hemmend wirkten.

Schließlich wird ein weiterer Mechanismus diskutiert (Willems u. Lefevre 1986), welcher über D 2-Rezeptorblockade in der CTZ verläuft und somit inhibitorische vagale Efferenzen auf den Magen-Darm-Trakt blockiert.

Serotonin-(5-HT-)Rezeptoren

Vor mehr als 10 Jahren wurde erkannt, daß serotoninhaltige Neurone und dazugehörige S-Rezeptoren eine bedeutsame Rolle in der Motilität des Gastrointestinaltrakt spielen (Übersicht bei Wallis 1981; Sanger u. King 1988). Zirka 2% der Neurone im Plexus myentericus von Tier und Mensch, nicht hingegen im Plexus submucosus, enthalten Serotonin (Costa et al. 1987). Die Zellen haben Fortsätze in aboraler Richtung, mit einer mittleren Länge von 15 mm, welche somit ca. 40 Reihen von Ganglien überspannen (Wood 1987). Teilweise reichen die Fortsätze lumenwärts bis in den Plexus submucosus.

S 4 (?)-Rezeptoren

Die Wirkung von Serotonin auf myenterische Neurone ist außerordentlich komplex (Ormsbee u. Fondacaro 1985; Sanger u. Nelson 1989). Bislang existiert keine einheitliche Vorstellung, welche die Physiologie und Pharmakologie von serotonergen Neuronen vereinigt. Serotonin hat auf die Darmmotilität mindestens 2 verschiedene Phasen der stimulierenden Wirkung: eine hochsensible mit geringerer Maximalwirkung und eine weniger empfindliche mit hohem Maximum (Buchheit et al. 1985a; Clarke et al. 1989).

Der Einfachheit halber soll hier die Arbeitshypothese von Wood (1987) übernommen werden, die innerhalb des peristaltischen Reflexes ein serotonerges Neuron vorsieht (Abb. 2): Dieses Neuron wirkt an seiner Synapse zum terminalen cholinergen Neuron stimulierend auf die Freisetzung von postjunktionalem Acetylcholin. Mit dieser Arbeitshypothese könnten die seit langem bekannten motilitätssteigernden Wirkungen von Serotonin und anderen in Stellung 5 substituierten Derivaten (z. B. 5-Methoxy-tryptamin, 5-Hydroxy-tryptophan, vgl. Tabelle 2) erklärt werden (Costa u. Furness 1979; Kilbinger et al. 1982; Kilbinger u. Pfeuffer-Friederich 1985; Schemann u. Ehrlein 1986; Sanger 1985 a). Der motilitätssteigernde Effekt geht mit einer verstärkten Freisetzung von Acetylcholin im Dünndarm einher und läßt sich durch mikromolare Konzentrationen von Metoclopramid und Cisaprid ebenfalls hervorrufen (Okwuasaba u. Hamilton 1976; Hay u. Man 1979; Kilbinger et al. 1982; Pfeuffer-Friederich u. Kilbinger 1984; Schuurkes et al. 1985; van Nueten u. Schuurkes 1989).

Kürzlich wurden In-vitro-Ergebnisse am Meerschweinchenileum vorgestellt (Buchheit u. Bertholet 1990), die auf eine stimulierende (agonistische) Wirkung von Benzamiden auf vermutliche S 4-Rezeptoren im Darm hinweisen: Im mikromolaren Bereich wurde die Längsmuskulatur durch Metoclopramid, Cisaprid und einige andere Derivate stimuliert (vgl. Tabelle 2), die Ringsmuskulatur meist erschlaffend beeinflußt. Serotonin und 5-Methoxytrypamin waren in noch wesentlich niedrigeren, nanomolaren Konzentrationen auf den peristaltischen Reflex motilitätsfördernd wirksam. Nichtbenzamide wie ICS 205-930 (vgl. Tabelle 2) verhielten sich als kompetetive Antagonisten. Für einen Angriffspunkt an eigenen S 4-Rezeptoren sprach die Übereinstimmung dieser pharmakologischen Ergebnisse mit Befunden, die an neuronalen S 4-Rezeptoren in Zellkulturen von Mäuseneuronen erhoben worden waren (Dumuis et al. 1989): Die durch Serotonin induzierte dosisabhängige Steigerung der Bildung von cAMP war mit einer Reihe von Benzamiden, einschließlich Metoclopramid, nachzuahmen und mit ICS 205-930 kompetitiv zu hemmen. Den beschriebenen Effekten liegt wohl eine Stimulierung der neuronalen Ach-Freisetzung über präjunktionale S 4-Rezeptoren zugrunde (Abb. 2), denn Atropin ist ein potenter Antagonist in diesem System.

Das Konzept von prokinetisch wirkenden S 4-Rezeptoren wurde von anderen Autoren am submaximal elektrisch gereizten Meerschweinchenileum bestätigt: Serotonin wirkte bereits in nanomolaren Konzentrationen stimulierend, Benzamide im mikromolaren Bereich. Auch hier ließ sich der vermutete präjunktionale S 4-Rezeptor durch ICS 205-930 blockieren (Craig u. Clarke 1990).

Vorbehaltlich weiterer Untersuchungen, inbesondere in vivo, könnte die in vitro beobachtete Stimulierung hochaffiner neuronaler S 4-Rezeptoren kausal mit der prokinetischen Wirkung dieser Benzamide in Zusammenhang stehen (Dumuis et al. 1989). Widersprüche ergeben sich allerdings dann, wenn am Ganztier auch für sog. selektive S 3-Rezeptorenblocker ausgeprägte motilitätsfördernde Wirkungen beschrieben werden (vgl. Buchheit et al. 1985 b; Costall et al. 1987).

S 3-Rezeptoren

Während sich im Plexus myentericus pro Gramm glatter Muskulatur etwa 100 ng Serotonin messen lassen, enthalten die übrigen Darmschichten zusam-

men mehr als 5000 ng Serotonin pro Gramm Gewebe (Furness u. Costa 1982).
Dieser Anteil ist praktisch ausschließlich in den enterochromaffinen Zellen der
inneren Darmschichten gespeichert (vgl. Abb. 2). Eine inzwischen etablierte
Arbeitshypothese (Sanger u. King 1988; Schwörer u. Racké 1989; Cubeddu et
al. 1990; Übersicht bei Andrews et al. 1990) besagt, daß intestinale Noxen wie
zytotoxische Pharmaka (insbesondere Cisplatin) oder hohe Strahlenbelastung
zur Freisetzung von gespeichertem Serotonin führt. Dieses wirkt nun direkt
oder über eine Sensibilisierung auf Serotoninrezeptoren ein.

Am Ganztier wurde gezeigt, daß ein schmerzhafter Dehnungsreiz im
Duodenum durch Gabe der potenten S 3-Antagonisten ICS 205-930 und
BRL 43694 unterdrückbar ist (Moss u. Sanger 1987). Diese als sog. S 3 klassifi-
zierten Rezeptoren sind vermutlich an den sensorischen Afferenzen des viszeralen N. vagus (Andrews et al. 1990) und an den terminalen zentralnervösen Vagusnerven (Nucleus tractus solitarii) lokalisiert (vgl. Abb. 2). Wahrscheinlich
sind die im ZNS lokalisierten S 3-Rezeptoren wesentlich empfindlicher als die-
jenigen im ENS (Sanger 1990).

Durch Blockade derartiger S 3-Rezeptoren mit Metoclopramid und ande-
ren S 3-Rezeptorantagonisten (vgl. Tabelle 2; Übersicht bei Sanger u. King
1988; Andrews 1990; Sanger 1990) lassen sich die toxischen Wirkungen von Se-
rotonin aufheben. Dieses Konzept wird durch klinische Befunde gestützt: Bei
Patienten unter Cisplatinbehandlung korrelierte das Ausmaß von Übelkeit und
Erbrechen linear mit der ausgeschiedenen Menge von Serotoninmetaboliten im
Urin (Cubeddu et al. 1990). Die Beschwerden konnten mit dem S 3-Blocker
Ondansetron aufgehoben werden.

Als Modell für die Entwicklung von S 3-Rezeptorantagonisten gilt derzeit
deren blockierende Wirkung auf serotonerg stimulierte Vagusnerven in vitro
und in vivo (vgl. Buchheit et al. 1985 b; Sanger 1990). In diesem Modell war
Metoclopramid in vitro im mikromolaren Bereich als voll reversibler Antagonist wirksam, während die Wirkung der hochaktiven S 3-Blocker MDL 72222
und ICS 205-930 nicht voll reversibel war (Ireland u. Tyers 1987).

Offene Fragen

Welchen Stellenwert das experimentelle Modell der Freisetzung von Acetylcholin (Ach) durch elektrische Feldstimulation am isolierten Dünndarm zur Aufklärung serotonerger Mechanismen leistet, bleibt derzeit wegen einiger Widersprüche (vgl. Bradbury et al. 1985) noch unklar. Zwar hemmt Serotonin in relativ hohen Konzentrationen die elektrisch stimulierte Freisetzung, und Metoclopramid oder Cisaprid antagonisieren diesen Effekt. Weiterhin werden die elektrisch ausgelösten Kontraktionen durch Metoclopramid, Cisaprid, nur partiell
durch ICS 205-930, nicht aber MDL 72222, verstärkt (Buchheit et al. 1985 b;
Schuurkes et al. 1985; Sanger 1985 b). Der Verstärkereffekt von Metoclopramid
oder ICS 205-930 bleibt aber aus, wenn am isolierten Dünndarm die Mukosa
entfernt wird (Gunning et al. 1986).

Elektrophysiologische Untersuchungen scheinen bislang keinen entscheidenden Beitrag zur Wirkung von Prokinetika erbracht zu haben. Serotonin

kann auf verschiedene Neurone exzitatorisch oder inhibitorisch wirken (North et al. 1980; Lewis u. Coote 1990).

Klinische Pharmakologie

Metoclopramid

Pharmakodynamik

Metoclopramid hat sich als wirksames Mittel bei Refluxkrankheit, Gastroparese, Reizmagen und einer Reihe anderer funktioneller gastrointestinaler Erkrankungen erwiesen (Harrington et al. 1983). Es wurde zur Beschleunigung der Kontrastmittelpassage im Dünndarmbereich und zur Erleichterung der Pyloruspassage (z. B. Absaugkatheter, Biopsiesonden) eingesetzt. Metoclopramid beschleunigt die Medikamentenresorption, insbesondere bei Zuständen von verlangsamter Motilität (z. B. bei Migräne, Levodopatherapie, Opioidanalgesie).

Der akute motilitätsfördernde Effekt bei Patienten mit diabetischer Gastropathie kann nach mehrwöchiger Behandlung fehlen, ohne das subjektive Beschwerdebild zu aggravieren (Schade et al. 1985). Bei Kindern mit gastroösophagealer Refluxkrankheit war in einer Doppelblindstudie ebenfalls eine signifikante symptomatische Besserung des Beschwerdebildes ohne Änderung der gastralen Motilität zu beobachten (Tolia et al. 1989).

Widersprüchliche Ergebnisse liegen für die Aufhebung von postoperativer Übelkeit und Erbrechen vor (Pandit et al. 1989). Es gibt keine Beweise für die Beschleunigung der Abheilung von peptischen Ulzera (Harrington et al. 1983). Bei der Behandlung von schweren Formen von Refluxösophagitis sind Prokinetika einer Therapie mit Omeprazol unterlegen (Koelz 1989).

Von wesentlicher Bedeutung ist die erwiesene Wirksamkeit zur Verhinderung von Übelkeit und Erbrechen in Verbindung mit Zytostatikabehandlung. Bei Cisplatinbehandlung ist Metoclopramid den Neuroleptika eindeutig überlegen (Saller u. Hellenbrecht 1985b, 1986).

Pharmakokinetik

Metoclopramid weist innerhalb der therapeutisch verwendeten Prokinetika die geringste Lipophilie auf (Tabelle 3). Bei pH 7,4 liegen etwa 99% der Verbindung in der hydrophilen dissoziierten Form vor. Dennoch liegt die orale Bioverfügbarkeit bei 60–90% und die rektale Bioverfügbarkeit bei ca. 50% (Taylor u. Bateman 1986; Hellstern et al. 1987). Ein „First-pass-Metabolismus" fehlt, und die Metabolisierung erfolgt durch Phase-II-Mechanismen (Sulfatierung, Glukuronidierung) (Taylor u. Bateman 1986). Selbst bei Leberzirrhose sind keine bedeutsamen Dosisanpassungen erforderlich. Die Plasmahalbwerts-

Tabelle 3. Vergleichende Pharmakokinetik und -dynamik von Prokinetika bzw. Antiemetika

	Metoclopramid[a]	Alizaprid[b]	Domperidon[c]	Cisaprid[d]
4-N-5-Cl-2-Methoxy-benzamidringstruktur	ja	nein	nein	ja
Dissoziationskonstante (pK_a)	9,27	7,48	7,90	8,20
Lipophilie, undissoziierte Form (Verteilungskoeffizient Octanol/Puffer)	400	150	5000	4000[e]
Lipophilie bei pH 7,4 – 7,5 (Verteilungskoeffizient Octanol/Puffer)	3,3	60	1900	160[e]
Passage der Blut-Hirn-Schranke	ja	ja	ja(!)	ja
Bioverfügbarkeit, oral	(50) – 100%	(30) – 72%	13 – 17%	40 – 50%
Bioverfügbarkeit, rektal	50 – (100)%	34 – 53%	12%	50%
Plasmaeiweißbindung	20%	?	92%	97,5%
Plasmahalbwertszeit	4 – 6 h	2 – 3 h	8 – 16 h	7 – 10 h
Metabolisierungswege	Phase II	?	Phase I	Phase I
First-pass-Effekt	nein	ja	ja	ja
Renale Ausscheidung	<25%	75%?	1,4%	0,2%
Hyperprolaktinämie	ja	ja	ja	nein?
Extrapyramidalmotorische Wirkungen	ja	ja	ja	ja
Hochdosistoxizität	nein	ja	ja	??
Antiemetischer Schutz im Hochdosisbereich	hoch	geringer	nein	?
Nutzen-Risiko-Relation im Hochdosisbereich	hoch	geringer	niedrig	?

[a] Bateman 1983; Bateman et al. 1989; ElTayar et al. 1985; Hall et al. 1984; Hellenbrecht u. Saller 1986; Hellstern et al. 1987; Saller et al. 1985a; Saller et al. 1985b; Segrestaa et al. 1979; Wrigth et al. 1988.
[b] Basurto et al. 1988; ElTayar et al. 1985; Houin et al. 1984; Joss et al. 1986; Saller u. Hellenbrecht 1985a; Segrestaa et al. 1979.
[c] Brogden et al. 1982; Champion 1988; ElTayar et al. 1985; Janssen AG 1985; Meyboom u. Huijbers 1988; Oliviera et al. 1989; Segrestaa et al. 1979.
[d] Cisapride Meeting 1985; Hall et al. 1984; Janssen GmbH 1989; McCallum et al. 1988.
[e] Extrapoliert von Cleboprid (Hall et al. 1984).

zeit beträgt auch im Hochdosierbereich ca. 4 – 6 h (Saller et al. 1985a). Die Metabolite sind unwirksam (Stanley et al. 1983). Die Urinausscheidung von unverändertem Metoclopramid liegt bei 25%. Sie verringert sich bei hochgradiger Niereninsuffizienz um das 2- bis 4fache (Wright et al. 1988).

Unerwünschte Wirkungen

Eine besondere zentralnervöse oder kardiovaskuläre Toxizität ist nicht zu erwarten. Aufgrund der Pseudoringstruktur (s. S. 2) besteht Selektivität für D 2-Rezeptoren. Daher treten im Vergleich zu Neuroleptika (D 1-Rezeptorenblocker) wesentlich seltener extrapyramidalmotorische Störungen und gesteigerte Prolaktinfreisetzung auf:

In einer englischen Prospektivstudie an 2560 Patienten (Bateman et al. 1989) und einer deutschen Studie mit 18 700 Patienten (Brockmann u. Pelties 1985) wurden akute dystonische Reaktionen oder Parkinsonismus in 0,14−0,66% der Fälle registriert, Unruhe, Nervosität oder akathisieähnliche Symptome in 0,2−0,4%. Derartige Störungen lassen sich bekanntlich prompt durch Gabe von Anticholinergika bzw. Benzodiazepinen beherrschen.

Im Hochdosisbereich verläuft die Dosis-Wirkungs-Kurve der schützenden Wirkung von Metoclopramid gegenüber Nausea und Emesis bei Cisplatintherapie wesentlich steiler als die Zunahme der Störungen der Extrapyramidalmotorik (Saller et al. 1985b; Hellenbrecht u. Saller 1986). Offensichtlich überwiegt dann der serotonerge Wirkungsmechanismus der Schutzwirkung gegenüber dem antidopaminergen Begleiteffekt. Somit wird die Nutzen-Risiko-Relation um so besser, je höher die Dosis ist.

Die Prolaktinfreisetzung (Tabelle 4) ist bei anderen D 2-Rezeptorenblockern ebenfalls zu beobachten (Segrestaa et al. 1979). Sie ist bei Frauen stärker und anhaltender. Sehr selten kann eine Galaktorrhö auftreten. Sie geht z. T. mit Amenorrhö einher und ist nach Absetzen reversibel (Aono et al. 1978). Während der Stillperiode kann die Milchbildung gesteigert sein.

Tabelle 4. Hyperprolaktinämie nach parenteraler Gabe von Prokinetika bzw. Antiemetika. Die Daten sind berechnet als xfache Anstiege im Vergleich zum Ausgangswert (= 1) vor i.v.-Injektion. (Nach Segrestaa et al. 1979)

Pharmakon	Geschlecht	20 min	60 min	120 min
Metoclopramid	m.	14,7	10,5	5,9
10 mg i.v.	w.	19,1	16,2	11,6
Alizaprid	m.	17,5	12,9	7,6
50 mg i.v.	w.	24,0	17,7	15,0
Domperidon	m.	10,8	9,4	5,3
4 mg i.v.	w.	20,6	17,0	14,0

Alizaprid

Pharmakodynamik

Die chemische Struktur von Alizaprid enthält einen modifizierten Benzamid-
Ring und eine lipophile Seitenkette. Als 2-Methoxybenzamid ist die Bildung
einer Pseudoringstruktur zu erwarten, welche die hohe Affinität zu D 2-Rezep-
toren erklären würde. Über die Affinität von Alizaprid zu Serotoninrezeptoren
liegen keine Daten vor.

Alizaprid wird als Antiemetikum mit nur geringen gastrokinetischen Wirkungen angesehen (Warzee u. Dive 1988). Es liegen nur wenige experimentelle
bzw. klinische Befunde für eine verstärkende Wirkung auf die gastroduodenale
Motilität vor (Dhasmana et al. 1989; Cosentino et al. 1989). Zur Behandlung
von Refluxösophagitis liegen keine Daten vor. Postoperative Übelkeit und Erbrechen werden nicht vollständig unterdrückt (Vanacker u. Vanaken 1988). Bei
zytostatikabedingter Nausea und Emesis ist Alizaprid dem Metoclopramid unterlegen (Saller u. Hellenbrecht 1985a; Joss et al. 1985, 1986; Bleiberg et al.
1988; Basurto et al. 1988).

Pharmakokinetik

Es liegen nur unvollständige pharmakokinetische Daten über Alizaprid vor.
Auffälig ist eine relativ kurze Plasmahalbwertszeit von 2–3 h (Houin et al.
1982, 1984; Tabelle 3).

Unerwünschte Wirkungen

Eine Hyperprolaktinämie ist typisch für die D 2-blockierende Wirkung (Tabelle 4). Die Häufigkeit von Störungen der Extrapyramidalmotorik ist nicht
hinreichend dokumentiert, sie scheint aber im Hochdosisbereich mit der
von Metoclopramid vergleichbar zu sein (Joss et al. 1986; Basurto et al.
1988).

Im Hochdosisbereich erwiesen sich anticholinerge und hypotensive Begleit-
wirkungen als unerwünscht (Saller u. Hellenbrecht 1985a).

Domperidon

Pharmakodynamik

Die chemische Struktur von Domperidon enthält 2 Benzimidazolringsysteme.
Es bestehen strukturelle Ähnlichkeiten zu dem Neuroleptikum Droperidol
(Brogden et al. 1982). Auch die extrem hohe Lipophilie entspricht derjenigen

von Neuroleptika (Oliveira et al. 1989). Daher sollte Domperidon, entgegen weitverbreiteter Meinung, die Blut-Hirn-Schranke mühelos passieren können. Dies wurde bereits im Tierexperiment nachgewiesen (Laduron u. Leysen 1979). Domperidon wirkt über dopaminerge zentralnervöse und gastrointestinale Mechanismen (Tabelle 1 und 2). Im Unterschied zu Metoclopramid wird die durch elektrische Feldreizung ausgelöste Kontraktion der isolierten Magenwandmuskulatur nicht verstärkt (Sanger 1985b).

Die gastrokinetischen und antiemetischen Wirkungen von Domperidon wurden in zahlreichen Studien untersucht (Übersicht Domperidon Review 1979; Brogden et al. 1982; Champion 1988). Im Vergleich zu oralen Dosen von Metoclopramid war Domperidon in gleicher Dosierung auf die Beschleunigung der Magen- und Dünndarmpassage deutlich schwächer wirksam (Staniforth 1987).

Bei schwerer Reflux-Ösophagitis ist Domperidon im Vergleich zu Omeprazol unterlegen (Koelz 1989). Gegen starke Übelkeit und Erbrechen z. B. bei Zytostatikatherapie ist Domperidon nur schwach wirksam (Huys et al. 1985; Sanger 1990).

Pharmakokinetik

Bemerkenswert ist der hohe First-pass-Metabolismus von Domperidon (Tabelle 3), vermutlich aufgrund der hohen Lipophilie. Bei Leberfunktionsstörungen ist daher mit einer bedeutsamen Verlangsamung der Phase-I-Metabolisierung zu rechnen.

Unerwünschte Wirkungen

Domperidon ist ein potenter Stimulator der Prolaktinfreisetzung (Tabelle 4). Extrapyramidalmotorische Störungen sind im Niedrigdosisbereich wiederholt beschrieben worden (Meyboom u. Huijbers 1988). Die parenterale Gabe wird wegen möglicher kardiotoxischer Wirkungen nicht mehr angewendet (Janssen 1985). Das Nutzen-Risiko-Verhältnis ist somit im Hochdosisbereich ungünstig.

Cisaprid

Pharmakodynamik

Die chemische Struktur von Cisaprid enthält die für Metoclopramidderivate typische 2-Methoxybezamidstruktur (vgl. Abb. 1), die somit offensichtlich Affinität zu Serotoninrezeptoren vermittelt. Die piperidinhaltige Seitenkette ist sehr lipophil (Tabelle 3) und erklärt eine ungehinderte Passage durch die Blut-Hirn-Schranke. Zu D 2-Rezeptoren besteht nur geringe Affinität. Neben den vorher beschriebenen Wirkungen von Cisaprid auf serotonerge Rezeptoren

(S 4-Agonist, S 3-Antagonist) verstärkt Cisaprid im Gegensatz zu Metoclopramid am isolierten Kolon des Meerschweinchens die Motilität über nichtneuronale Mechanismen (Sanger 1990). In klinischen Versuchen zeigte sich ebenfalls eine motilitätsfördernde Wirkung auf das Kolon.

Umfangreiche klinische Studien (Übersicht bei Cisaprid Meeting 1986; McCallum et al. 1988) haben gezeigt, daß Cisaprid ein wirksames Prokinetikum bei Nichtulkusdyspepsie, Gastroparese und weiteren Erkrankungen des Gastrointestinaltrakts ist. Bislang sind diese Daten jedoch noch nicht ausreichend, um die relative Effizienz von Cisaprid gegenüber anderen gastrokinetischen Verbindungen aufzuzeigen (McCallum et al. 1988). Zur Behandlung einer schweren Refluxösophagitis ist Cisaprid im Vergleich zu Omeprazol unterlegen (Koelz 1989). Bei gastroösophagealer Refluxkrankheit wird die Säureclearance erhöht, nicht aber die Sphinktermotilität (Holloway et al. 1989). Klinische Erfolge sind regelmäßiger bei intravenöser Gabe oder relativ hoher oraler Dosierung beobachtet worden (Holloway et al. 1989). Einige Daten haben gezeigt, daß Cisaprid zur symptomatischen Behandlung von gastrointestinalen Beschwerden mit Metoclopramid gleichwertig war (McCallum et al. 1988).

Pharmakokinetik

Die orale Bioverfügbarkeit wird infolge First-pass-Metabolismus auf etwa 40–50% reduziert (Tabelle 3). Die hochlipophile Verbindung wird in der Leber zu etwa 30 verschiedenen Metaboliten umgewandelt (Meuldermans et al. 1988), größtenteils durch Phase-I-Metabolismus. Daher ist bei Leberinsuffizienz mit Kumulation zu rechnen, während Niereninsuffizenz vermutlich keine Auswirkungen auf die Pharmakokinetik hat. Wegen der hohen Plasmaeiweißbindung von Cisaprid ist auf Wechselwirkungen gegenüber anderen Verbindungen mit hoher Eiweißbindung zu achten (z. B. Verstärkung der Wirkung von oralen Antikoagulanzien).

Unerwünschte Wirkungen

Abdominale Krämpfe und Diarrhöen sind beschrieben. In Einzelfällen wurden Kopfschmerzen, Benommenheit und zentralnervöse konvulsive Wirkungen beobachtet, die zu erhöhter Wachsamkeit bei antiepileptischer Therapie veranlassen (Janssen 1989). Bei männlichen Probanden erhöht sich nach 3mal 10 mg per os der Prolaktinspiegel auf das Doppelte der Ausgangswerte (Reyntjens et al. 1984).

In Einzelfällen wurden extrapyramidalmotorische Störungen beschrieben (arznei-telegramm 1990; Cilag GmbH 1990), die sich als antidopaminerge Wirkungen charakterisieren lassen.

Die Nutzen-Risiko-Relation im Hochdosisbereich ist vermutlich als ungünstig anzusehen.

Weitere prokinetische Verbindungen

Die große Fülle von körpereigenen „gastrointestinalen Hormonen" (vgl. Costa et al. 1987) ist wegen ihrer Peptidstruktur bislang nicht oral nutzbar. Ansätze für mögliche Neuentwicklungen sind z. B. im Bereich von peripheren Cholezystokinin-Antagonisten mit Nichtpeptidstruktur zu sehen (Decktor et al. 1988). Ein bereits klinisch erfolgreiches Konzept besteht in der Stimulation von Motilin-Rezeptoren durch Ausnützung der ansonsten als unerwünscht anzusehenden Nebenwirkung des Antibiotikums Erythromycin (Janssens et al. 1990).

Synopsis

In schematischer Weise lassen sich die Affinitäten verschiedener prokinetisch und antiemetisch wirkender Verbindungen zu verschiedenen dopaminergen und serotonergen Rezeptoren im ZNS und ENS in Tabelle 5 zusammenfassen: Es wird deutlich, daß keine der besprochenen Verbindungen einen isolierten peripheren Angriffspunkt hat.

Tabelle 5. Synopse der verschiedenen Rezeptoraffinitäten von verschiedenen Prokinetika und Antiemetika im Zentralnervensystem (*ZNS*) und im enterischen Nervensystem (*ENS*) zu dopaminergen (*D 2*) und serotonergen (*S 3, S 4*) Rezeptorsubtypen

	ZNS		ENS		
	D 2	S 3	D 2	S 3	S 4
Metoclopramid	+	+	+	+	+
Alizaprid	+	?	+	?	?
Domperidon	+	0	+	0	0
Cisaprid	+	+	0	+	+
S 3-Blocker	0	+	0	+	0

+ vorhanden; 0 nicht vorhanden; ? nicht nachgewiesen.

Schlußfolgerungen

Prokinetisch wirksame Pharmaka üben auf die gastrointestinale Motilität qualitativ vergleichbare Wirkungen aus. Diese korreliert allerdings nicht immer mit der klinischen Symptomatik. Der klinische Beweis für die Überlegenheit von Neuentwicklungen gegenüber bewährten Verbindungen steht bislang aus.

Zur endgültigen Beurteilung etwa bestehender Unterschiede sind aus klinisch-pharmakologischer Sicht vergleichende Langzeitstudien mit größeren Fallzahlen in verschiedenen Dosisabstufungen und mit vergleichbaren Darreichungsformen erforderlich.

Von klinischer Bedeutsamkeit ist bei den angesprochenen Indikationen in aller Regel eine zentralnervöse antiemetische Komponente. Diese ist wie dargestellt z. B. bei Cisprid im Vergleich zu Metoclopramid deutlich geringer ausgeprägt.

Literatur

Akwari DE (1983) The gastrointestinal tract in chemotherapy − induced emesis, a final common pathway. Drugs [Suppl 1] 25:18−34

Andrews PLR, Davies CJ, Maskell L (1990) The abdominal visceral innervation and the emetic reflex: pathways, pharmacology, and plasticity. Can J Physiol Pharmacol 68:325−345

Anker L, Lauterwein H, Waterbeemd H van de, Testa B (1984) 79. NMR conformational study of aminoalkylbenzamides, aminoalkyl-o-anisamides, and metoclopramide, a dopamine receptor antagonist. Helv Chim Acta 67:706−716

Aono T, Shioji T, Kinugasa T, Onishi T, Kurachi K (1978) Clinical and endocrinological analysis of patients with galactorrhea and menstrual disorders due to sulpiride or metoclopramide. J Clin Endocrinol Metab 47:675−680

arznei-telegramm (1990) Nebenwirkungen Cisaprid (Alimix, Propulsin) und ZNS. arznei-telegramm 5/90:49

Basurto C, Roila F, Del Favero A, Ballatori E, Minotti V, Tonato M (1988) A prospective randomized double-blind crossover study comparing the antiemetic activity of alizapride and metoclopramide in patients receiving cisplatin chemotherapy. Cancer Invest 6:475−479

Bateman DN (1983) Clinical pharmacokinetics of metoclopramide. Clin Pharmacokinet 8:523−529

Bateman DN, Darling WM, Boys R, Rawlings MD (1989) Extrapyramidal reactions to metoclopramide and prochlorperazine. Q J Med 71|264:307−311

Berkowitz DM, McCallum RW (1980) Interaction of levodopa and metoclopramide on gastric emptying. Clin Pharmacol Ther 27:414−420

Bleiberg H, Gerard B, Dalesio O, Crespeigne N, Rosenczeig M (1988) Activity of a new antiemetic agent: alizapride. A randomized double-blind crossover controlled trial. Cancer Chemother Pharmacol 22:316−320

Borison HL, McCarty LE (1983) Neuropharmacology of chemotherapy − induced emesis. Drugs [Suppl 1] 25:8−17

Borison HL, Wang SC (1953) Physiology and pharmacology of vomiting. Pharmacol Rev 5:193−230

Bradbury AJ, Gunning SJ, Naylor RJ, Tan CCW (1985) Drug actions of serotonin mechanisms can enhance field stimulation − induced contractions of stomach smooth muscle. Br J Pharmacol [Suppl] 86:738 P

Brockmann P, Pelties W (1985) Bewährungsprobe von retardiertem Metoclopramid bei chronischen Motilitätsstörungen des Magen-Darm-Traktes. Therapiewoche 35:1007−1012

Brogden RN, Carmine AA, Heel RC, Speight TM, Avery GS (1982) Domperidone. A review of its pharmacological activity, pharmacokinetics and therapeutic efficacy in the symptomatic treatment of chronic dyspepsia and as an antiemetic. Drugs 24:360−400

Buchheit KH, Bertholet A (1990) Analysis of the stimulatory effect of some benzamides in small intestinal motility. Naunyn Schmiedebergs Arch Pharmacol (Suppl)341:R88

Buchheit KH, Engel G, Mutschler E, Richardson B (1985a) Study of the contractile effect of 5-hydroxytryptamine (5-HT) in the isolated longitudinal muscle strip from guinea-pig ileum. Evidence for two distinct release mechanisms. Naunyn Schmiedebergs Arch Pharmacol 329:36−41

Buchheit KH, Costall B, Engel G, Gunning SJ, Naylor RJ, Richardson BP (1985b) 5-Hydroxytryptamine receptor antagonism by metoclopramide and ICS 205-930 in the guinea-pig leads to enhancement of contractions of stomach muscle strips induced by electrical field stimulation and facilitation of gastric emptying in-vivo. J Pharm Pharmacol 37:664−667

Carpenter DO (1990) Neural mechanisms of emesis. Can J Physiol Pharmacol 68:230−236

Cesario M, Pascard C, ElMoukhtari M, Jung L (1981) Structure cristalline du metoclopramide et etudes des relations structureactivite. Eur J Med Chem 16:13−17

Champion MC (1988) Minireview domperidone. Gen Pharmacol 19:499−505

Christensen J (1988) The enteric nervous system. In: Kumar D, Gustavsson S (eds) An illustrated guide to gastrointestinal motility. Wiley, Chichester New York Brisbane Toronto Singapore, pp 9−31

Cilag GmbH (1990) Dosierungskarte zu Alimix. Cilag GmbH, Sulzbach/Taunus, Stand Juli 1990

Cisapride Meeting (1986) First international cisapride investigators meeting. Digestion 34:137−160

Clark CR, Garcia-Roura LE (1989) Liquid chromatographic studies on the equeous solution conformation of substituted benzamide drug models. J Chromatogr Sci 27:111−117

Clarke DE, Craig DA, Fozard JR (1989) The 5-HT4 receptor: naughty, but nice. Trends Pharmacol Sci 10:385−386

Cosentino F, Prato A, Laudani A, Percolla S, Franco S, Veroux PF, Imme A (1989) Alizapride versus placebo in premedication in esophagogastroduodenoscopy. Double-blind clinical study. Experimental research in vitro. Minerva Dietol Gastroenterol 35:35−37

Costa M, Furness JB (1979) The sites of action of 5-hydroxytrypamine in nerve-muscle preparations from guinea-pig small intestine and colon. Br J Pharmacol 65:237−248

Costa M, Furness JB, Llewellyn-Smith IJ (1987) Histochemistry of the enteric nervous system. In: Johnson LR (ed) Physiology of the gastrointestinal tract. Raven, New York, pp 1−40

Costall B, Gunning SJ, Naylor RJ, Tyers MB (1987) The effect of GR 38032 F, novel 5-HT3-receptor antagonist on gastric emptying in the guinea-pig. Br J Pharmacol 91:263−264

Craig DA, Clarke DE (1990) Pharmacological characterisation of a neuronal receptor for 5-hydroxytryptamine in guinea pig ileum with properties similar to the 5-hydroxytryptamine$_4$ receptor. J Pharmacol Exp Ther 252:1378−1386

Cubeddu LX, Hoffmann IS, Fuenmayor NT, Finn AL (1990) Efficay of ondansetron (Gr 38032 F) and the role of serotonin in cisplatin-induced nausea and vomiting. N Engl J Med 322:810−816

Daniel EE (1982) Pharmacology of adrenergic, cholinergic, and drugs acting on other receptors in gastrointestinal muscle. In: Bertaccini G (ed) Mediators and drugs in gastrointestinal motility. Springer, Berlin Heidelberg New York Tokyo (Handbook of experimental pharmacology, vol 59/II, pp 248−322)

Decktor DL, Pendleton RG, Elnitsky AT, Jenkins AM, McDowell AP (1988) Effect of metoclopramide, bethanechol and the cholecystokinin receptor antagonist, L-346,718, on gastric emptying in the rat. Eur J Pharmacol 147:313−316

Dhasmana KM, Banerjee AK, Zhu YN, Erdmann W, Parmar SS, Salzman SK (1989) Role of dopamine receptors in gastrointestinal motility. Res Commun Chem Pathol Pharmacol 64:485−488

Domperidone review (1979) Postgrad Med J [Suppl] 55:1−54

Dumuis A, Sebben M, Bockaert J (1989) The gastrointestinal prokinetic benzamide derivatives are agonists at the non-classical 5-HT receptor (5-HT4) positively coupled to adenylate cyclase in neurons. Naunyn Schmiedebergs Arch Pharmacol 340:403−410

El Tyar N, Waterbeemd H van de, Testa B (1985) Lipophilicity measurements of protonated basic compounds by reversed-phase high-performance liquid chromatography. II. Procedure for the determination of a lipophilic index measured by reversed-phase high-performance liquid chromatography. J Chromatogr 320:305−312

Fernandez AG, Massingham R (1985) Minireview: Peripheral receptor populations, involved in the regulation of gastrointestinal motility and the pharmacological actions of metoclopramide-like drugs. Life Sci 36:1−44

Frigo GM, Lecchinin S, Marcoli M, D'Angelo L, Crema A (1984) Changes in sensitivity to the inhibitory effects of adrenergic agonists on intestinal motor activity after chronic sympathetic denervation. Naunyn Schmiedebergs Arch Pharmacol 325:145−152

Furness JB, Costa M (1982) Identification of gastrointestinal neurotransmitters. In: Bertaccini EG (ed) Mediators and drugs in gastrointestinal motility. Springer, Berlin Heidelberg New York Tokyo (Handbook of experimental pharmacology, vol 59/I, pp 383−462)

Görich R, Weihrauch TR, Kilbinger H (1982) THe inhibition by dopamine of cholinergic transmission in the isolated guinea-pig. Mediation through alpha-adrenoceptors. Naunyn Schmiedebergs Arch Pharmacol 318:308−312

Gunning SJ, Naylor RJ (1985) 5-Hydroxytryptamine can antagonize the ability of metoclopramide and SCH23390 to enhance electrical field stimulation-evoked contractions of guinea-pig isolated stomach muscle. J Pharm Pharmacol 37:78−80

Gunning SJ, Naylor RJ, Tattersall FD (1986) The actions of metoclopramide and ICS 205-930 on the guinea pig ileum are dependent on the type of preparation used. Br J Pharmacol [Suppl] 88:373 P

Hall H, Ögren SO, Florvall L (1984) Effect of lipophilicity of substituted benzamides on the dopaminergis effects in vivo and in vitro. Acta Pharmacol Toxicol 55:211−215

Harrington RA, Hamilton CW, Brogden RN, Linkewich JA, Romankiewicz JA, Heel RC (1983) Metoclopramide. An updated review of its pharmacological properties and clinical use. Drugs 25:451−494

Hay AM, Man WK (1979) Effect of metoclopramide on guinea pig stomach. Critical dependence on intrinsic stores of acetylcholine. Gastroenterology 76:492−496

Hellenbrecht D, Saller R (1986) Dose-response relationships of the objective and subjective and antiemetic effects and of different side effects of metoclopramide against cisplatin induced emesis. Arzneimittelforschung 36:1845−1849

Hellstern A, Hellenbrecht D, Saller R et al. (1987) Absolute bioavailability of metoclopramide given orrally or by enema in patients with normal liver function or with cirrhosis of the liver. Arzneimittelforschung 37:733−736

Higgins GA, Kilpatrick GJ, Bunce KT, Jones BJ, Tyers MB (1989) 5-HT3 receptor antagonists injected into the area postrema inhibit cisplatin-induced emesis in the ferret. Br J Pharmacol 97:447−455

Holloway RH, Downton J, Mitchell B, Dent J (1989) Effect of cisapride on postprandial gastro-oesophageal reflux. Gut 30:1187−1193

Houin G, Bree F, Tillment JP (1982) Pharmacocinetique et biodisponinbilité de l'alizapride chez l'homme. Sem Hop Paris 58:339−344

Houin G, Barre J, Tillement JP (1984) Absolute intramuscular, oral and rectal bioavailability of alzapride. J Pharm Sci 73:1450−1453

Huys J, Troch M, Bourguignon RP, Smets P (1985) High-dose alizaptride versus high-dose domperidone: a double-blind comparative study in the management of cis-platinum-induced emesis. Curr Med Res Opin 9:400−406

Ireland SJ, Tyers MB (1987) Pharmacological characterization of 5-hydroxytrypamine-induced depolarization of the rat isolated vagus nerve. Br J Pharmacol 90:229−238

Janssen GmbH Deutschland (1989) Kurzinformation zur Anwendung von Cisaprid. Janssen, Neuss, S 1−5

Janssen Pharmaceutica AG (1985) Einführung von Motilium-Supp. 60 mg anstelle von Motilium Ampullen. Janssen, Neuss

Janssens J, Peeters DL, Vantrappen G, Tack J, Urban JL, DeRoo M, Muls E, Bouillon R (1990) Improvement of gastric emptying in diabetic gastroparesis by erythromycin. Preliminary studies. New Engl J Med 322:1028−1031

Jenner P, Marsden CD (1979) The substituted benzamides − a novel class of dopamine antagonists. Life Sci 25:479−486

Joss RA, Galeazzi RL, Bischoff AK, Brunner KW (1985) Alizapride, a new substituted benzamide, as an antiemetic during cancer chemotherapy. Eur J Clin Pharmacol 27:721−725

Joss RA, Galeazzi RL, Bischoff AK, Pirovino M, Ryssel HJ, Brunner KW (1986) The antiemetic activity of high-dose metoclopramide in patients receiving cancer chemotherapy: a prospective, randomized, double-blind study. Clin Pharmacol Ther 39:619−624

Jovanović-Mićić D, Samardzić R, Beleslin DB (1989) Pharmacological characteristics of vomiting produced by dopamine. Eur J Clin Pharmacol [Suppl] 36:A 214

Kilbinger H, Nafzinger M (1985) Two types of neuronal muscarine receptors modulating acetylcholine release from guinea-pig myenteric plexus. Naunyn Schmiedebergs Arch Pharmacol 328:304−309

Kilbinger H, Pfeuffer-Friederich I (1985) Two types of receptors for 5-hydroxytryptamine on the cholinergic nerves of the guinea-pig myenteric plexus. Br J Pharmacol 85:529−539

Kilbinger H, Kruel R, Pfeuffer-Friederich I, Wessler I (1982) The effects of metoclopramide on acetylcholine release and on smooth muscle response in the isolated guinea-pig ileum. Naunyn Schmiedebergs Arch Pharmacol 319:231−238

Koelz HR (1989) Treatment of reflux esophagitis with H2-blockers, antacids and prokinetic drugs. Scand J Gastroenterol [Suppl 156] 24:25−36

Kusunoki M, Taniyama K, Tanaka C (1985) Dopamine regulation of (3H) acetylcholine release from guinea-pig stomach. J Pharmacol Exp Ther 234:713−719

Laduron PM, Leysen JE (1979) Domperidone, a specific in vitro dopamine antagonist, devoid of in vivo central dopaminergic activity. Biochem Pharmacol 28:2161−2165

Lewis DJ, Coote JH (1990) The influence of 5-hydroxytryptamine agonists and antagonists on identified sympathetic neurones in the rat, in vivo. Br J Pharmacol 99:667−672

Malagelada JR (1984) Potential pharmacological approaches to management of gut motility disorders. Scand J Gastroenterol [Suppl 96] 19:111−126

Marzio K, Neri M, Pieramico O, DelleDonne M, Peeter TL, Cuccorullo F (1990) Dopamine interrupts gastrointestinal fed motility pattern in humans. Effect on motilin and somatostatin blood levels. Dig Dis Sci 35:327−332

McCallum RW, Fink SM, Lerner E, Berkowitz DM (1983) Effects of metoclopramide and bethanechol on delayed gastric emptying present in gastroesophageal reflux patients. Gastroenterology 84:1573−1577

McCallum RW, Prakash C, Campoli-Richards DM, Goa KL (1988) Cisapride. A preliminary review of its pharmacodynamic and pharmacokinetic properties, and therapeutic use as a prokinetic agent in gastrointestinal motility disorders. Drugs 36:652−681

Mei N (1983) Recent studies on intestinal vagal afferent innervation. Functional implications. J Auton Nerv Syst 9:199−206

Meuldermans W, Peer A van, Hendrichx H et al. (1988) Excretion and biotransformation of cisapride in dogs and humans after oral administration. Drug Metab Dispos 16:403−409

Meyboom RHB, Huijbers WAR (1988) Acute extrapiramidale bewegingsstoornissen bij jonge kinderen en bij volwassenen tijdens het gebruik von domperidon. Ned Tijdschr Geneeskd 132:1981−1983

Minami H, McCallum RW (1984) The physiology and pathophysiology of gastric emptying in humans. Gastroenterology 86:1592–1610

Miner WD, Sanger GJ (1986) Inhibition of cisplatin-induced vomiting by selective 5-hydroxytryptamine M-receptor antagonism. Br J Pharmacol 88:497–499

Mistiaen W, Hee R van, Blockx P, Hubens A (1990) Gastric emptying for solids in patients with duodenal ulcer before and after highly selective vagotomy. Dig Dis Sci 35:310–316

Moss HE, Sanger GJ (1987) Antagonism by BRL43694 of the pseudoaffective reflex induced by duodenal distension. Br J Pharmacol [Suppl] 92:531 P

North RA, Henderson G, Katayama Y, Johnson SM (1980) Electrophysiological evidence for presynaptic inhibition of acetylcholine release by 5-hydroxytryptamine in the enteric nervous system. Neuroscience 5:581–586

Nueten JM van, Schuurkes JAJ (1989) 5-HT3-serotonergic mechanisms and stimulation of gastrointestinal motility by cisapride. Br J Pharmacol [Suppl] 96:331 P

Okwuasaba FK, Hamilton JT (1976) The effect of metoclopramide on intestinal muscle responses and the peristaltic reflex in vitro. Can J Physiol Pharmacol 54:393–404

Oliveira CR, Lima MCP, Carvalho CAM, Leysen JE, Carvalho AP (1989) Partition coefficients of dopamine antagonists in brain membranes and liposomes. Biochem Pharmacol 38:2113–2120

Ormsbee HS, Fondacaro JD (1985) Minireview. Action of serotonin on the gastrointestinal tract. Proc Soc Exp Biol Med 178:333–338

Pandit SK, Kothary SP, Pandit UA, Randel G, Levy L (1989) Dose-response study of droperidol and metoclopramide as antiemetics for outpatient anesthesia. Anesth Analg 68:798–802

Pfeuffer-Friederich I, Kilbinger H (1984) Facilitation and inhibition by 5-hydroxytryptamine and R51619 of acetylcholine release from guinea pig myentric plexus. In: Roman C (ed) Gastroentestinal motility. MTP Press, Lancester Boston The Hague Dordrecht, pp 527–534

Pinder RM, Brogden RM, Sawyer PR, Speight TM, Avery GS (1976) Metoclopramide. A review of its pharmacological properties and clinical use. Drugs 12:81–131

Rand MJ, McCulloch MW, Story DF (1980) Catecholamine receptors on nerve terminals. In: Szekeres L (ed) Adrenergic activators and inhibitors. Springer, Berlin Heidelberg New York Tokyo (Handbook of experimental pharmacology, vol 54/I, pp 223–266)

Read NW, Houghton LA (1989) Physiology of gastric emptying and pathophysiology of gastroparesis. Gastroenterol Clin North Am 18|2:359–373

Reynolds JC (1989) Prokinetic agents: a key in the future of gastroenterology. Gastroenterol Clin North Am 18:437–457

Reyntjens A, Verlinden M, DeCoster R et al. (1984) Clinical pharmacological evidence for cisapride's lack of antidopaminergic or direct cholinergic properties. Curr Ther Res 36:1045–1052

Robertson DRC, Renwick AG, Wood ND et al. (1990) The influence of levodopa on gastric emptying in man. Br J Clin Pharmacol 29:47–53

Saller R, Hellenbrecht D (1985a) Comparison of the antiemetic efficacy of two high-dose benzamides, metoclopramide and alizapride, against cisplating-induced emesis. Cancer Treat Rep 69:1301–1303

Saller R, Hellenbrecht D (1985b) Nutzen und Risiko von hochdosiertem Metoclopramid im Vergleich zu hochdosiertem Haloperidol oder Triflupromazin bei cisplin-induziertem Erbrechen. Klin Wochenschr 63:428–432

Saller R, Hellenbrecht D (1986) High dose of metoclopramide or droperidol in the prevention of cisplatin-induced emesis. Eur J Cancer Clin Oncol 22:1199–1203

Saller R, Hellenbrecht D, Briemann L et al. (1985a) Metoclopramide kinetics at high-dose infusion rates for prevention of cisplatin-induced emesis. Clin Pharmacol Ther 37: 43–47

Saller R, Hellenbrecht D, Hellstern A, Hess H (1985b) Improved benefit/risk ratio of higher-dose metoclopramide therapy during cisplatin-induced emesis. Eur J Clin Pharmacol 29:311–312

Saller R, Hellenbrecht D, Bühring M, Hess H (1986) Enhancement of the antiemetic action of metoclopramide against cisplatin-induced emesis by transdermal electrical nerve stimulation. J Clin Pharmacol 26:115–119

Sanger GJ (1985a) The effect of various pharmacological agents on the metoclopramide – induced increase in cholinergic mediated contractions of rat isolated forestomach. Eur J Pharmacol 114:139–145

Sanger GJ (1985b) Effects of metoclopramide and domperidone on cholinergically mediated contractions of human isolated stomach muscle. J Pharm Pharmacol 37:661–664

Sanger GJ (1990) New antiemetic drugs. Can J Physiol 68:314–324

Sanger GJ, King FD (1988) From metoclopramide to selective gut motility stimulants and 5-HT3 receptor antagonists. Drug Design Delivery 3:273–295

Sanger GJ, Nelson DR (1989) Selective and functional 5-hydroxytryptamine3 receptor antagonism by BRL43694 (granisetron). Eur J Pharmacol 159:113–124

Schade RR, Dugas MC, Lhotsky DM, Gavaler JS, Thiel DH van (1985) Effect of metoclopramide on gastric liquid emptying in patients with diabetic gastroparesis. Dig Dis Sci 30:10–15

Schemann M, Ehrlein HJ (1986) 5-Hydroxytryptophan and cisapride stimulate propulsive jejunal motility and transit of chyme in dogs. Digestion 34:229–235

Schuurkes JAJ, Nueten JM van (1984) Domperidone improves myogenically transmitted antroduodenal coordination by blocking dopaminergic receptor sites. Scand J Gastroenterol [Suppl 96] 19:101–110

Schuurkes JAJ, Nueten JM van (1985) Evidence against a serotonergic mechanism for the motility stimulating properties of cisapride. Gastroenterology 88:1577–1585

Schuurkes JAJ, Nueten JM van, Daele PGH van, Reyntjens AJ, Janssen PAJ (1985) Motor-stimulating properties of cisapride on isolated gastroentestinal preparations of the guinea-pig. J Pharmacol Exp Ther 234:775–783

Schwörer H, Racké K (1989) Effects of cisplatin on the release of 5-hydroxytryptamine from guinea-pig small intestine. Involvement of 5-HT3 receptors. Naunyn Schmiedebergs Arch Pharmacol [Suppl] 339:R96

Segrestaa JM, Gueris J, Tiar M (1979) Hyperprolactiemie des antiemetiques-comparaison des quatre produits. Therapy 34:473–475

Smith WL, Callahan EM (1988) The emetic activity of centrally administered cisplatin in cats and its antagonism by zacopride. J Pharm Pharmacol 40:142–143

Staniforth DH (1987) Effect of drugs on oro-ceacal transit time assessed by the lactulose/breath hydrogen method. Eur J Clin Pharmacol 33:55–58

Stanley M, Wazer D, Virgilio J, Kuhn CA, Benson DI, Meyerson LR (1983) Lack of potency of metoclopramide's metabolites in various dopaminergic models. Pharmacol Biochem Behav 18:263–266

Taylor WB, Bateman DN (1986) Oral bioavailability of high-dose metoclopramide. Eur J Clin Pharmacol 31:41–44

Tolia V, Calhoun J, Kuhns L, Kauffman RE (1989) Randomized, prospective double-blind trial of metoclopramide and placebo for gastroesophageal reflux in infants. J Pediatr 115:141–145

Valenzuela JE, Dooley CP (1984) Dopamine antagonists in the upper gastrointestinal tract. Scand J Gastroenterol [Suppl 96] 19:127–136

Vanacker B, Vanaken H (1988) Alizapride in the prevention of postoperative vomiting. A double-blind comparison. Acta Anaesthesiol Belg 39:247–250

Wallis D (1981) Minireview. Neuronal 5-hydroxytryptamine receptors outside the central nervous system. Life Sci 29:2345–2355

Warzee PL, Dive CC (1988) Manometric study of the activity of alizapride on the motor function of the human sphincter of Oddi. J Clin Pharm Ther 13:281–284

Willems JL, Lefevre RA (1986) Peripheral nervous pathways involved in nausea and vomiting. In: Davis CJ, Lake-Bakaar GV, Grahame-Smith DG (eds) Nausea and vomiting: mechanisms and treatment. Springer, Berlin Heidelberg New York Tokyo, pp 56–64

Wood JD (1987) Physiology of the enteric nervous system. In: Johnson RL (ed) Physiology of the gastrointestinal tract. Raven, New York, pp 67–109

Wright MR, Axelson JE, Rurak DW et al. (1988) Effect of hemodialysis on metoclopramide kinetics in patients with severe renal failure. Br J Clin Pharmacol 26:474–477

Diskussion

Hotz:

Sie haben gesagt, daß Cisaprid die Blut-Gehirn-Schranke passiert. Dies steht im Gegensatz zu der allgemein publizierten Meinung, daß diese Substanz ausschließlich peripher wirkt ohne zentrale Nebeneffekte.

Hellenbrecht:

Es ist überhaupt keine Frage, daß Cisaprid die Blut-Gehirn-Schranke passiert. Zentralnervöse Nebenwirkungen sind beschrieben worden wie z. B. Erhöhung einer zentralbedingten Krampfbereitschaft, weshalb auch empfohlen wird, eine antiepileptische Behandlung während einer Therapie mit Cisaprid zu überwachen. Meines Erachtens ist es klar, daß jede lipophile Substanz mit einem Octanolverteilungskoeffizienten über 10 die Gehirnschranke passieren muß.

Hotz:

Wir müssen sicherlich noch die zukünftige Entwicklung dieser Frage insbesondere unter klinischem Aspekt abwarten. Zum jetzigen Zeitpunkt erscheint mir jedoch klar, daß Metoclopramid antiemetisch wirkt über zentrale Mechanismen, während Cisaprid zumindestens vorwiegend in der Peripherie, d. h. am Plexus myentericus der Magen- und Duodenalwand, angreift.

Hellenbrecht:

Diese Betrachtungsweise ist zu einfach. Metoclopramid hat eine klare Affinität zu den peripheren dopaminergen D 2-Rezeptoren und Serotonergen S 3- und S 4-Rezeptoren. Cisaprid hat serotonerge Effekte, jedoch im Zentralnervensystem sind diese Effekte für Cisaprid noch nicht eindeutig definiert. Cisaprid ist ähnlich wie Metoclopramid ein Stimulans für den prokinetisch wirkenden S 4-Rezeptor und ein Blocker für die emetogenen S 3-Rezeptoren.

Hotz:

Kann man sagen, daß Domperidon in seiner pharmakologischen Wirkungsweise zwischen Metoclopramid und Cisaprid steht?

Hellenbrecht:

Ich glaube, daß Domperidon nicht an den serotonergen Rezeptoren wirkt, da es keine Ähnlichkeit mit Serotonin in seiner chemischen Struktur hat. Ich würde deshalb annehmen, daß eine derartige Substanz wohl kaum hochspezifisch an den Untertypen der Serotoninrezeptoren angreifen kann. Domperidon ist ein Dopaminrezeptorantagonist im Zentralnervensystem und in der Peripherie.

Teilnehmer:

Kennen Sie die Effekte der hier besprochenen Pharmaka auf die gastrointestinale Durchblutung? Wenn eine dieser Substanzen antidopaminerg wirkt, so könnten die von Ihnen beschriebenen Effekte auf Veränderungen der gastrointestinalen Durchblutung zurückzuführen sein.

Hellenbrecht:

Meiner Meinung nach ist das Konzept der Wirkung der dopaminergen Rezeptoren auf die Durchblutung im Zentralnervensystem wie auch im Magen-Darm-Trakt noch komplexer als auf die gastrointestinale Motilität. Eine eindeutige Antwort läßt sich deshalb zum jetzigen Zeitpunkt nicht geben. Jedoch zeigen einige Übersichtsarbeiten, daß die Durchblutung keinen wesentlichen Einfluß auf die Motilität zu haben scheint.

Physiologische und pathophysiologische Aspekte von Motilitätsstörungen im oberen Gastrointestinaltrakt

J. JANSSENS und G. VANTRAPPEN

Die koordinierten gastrointestinalen Motilitätsvorgänge sind das Ergebnis eines Gleichgewichtes zwischen stimulatorischen und hemmenden Mechanismen verschiedenen Ursprungs. Endogene Faktoren sind myogene, nervale und humorale Mechanismen, aber auch exogene Einflüsse durch Nahrungsbestandteile und Arzneimittel.

Es gibt eine große Anzahl von allgemeinen gastrointestinalen Bedingungen, in welchen die Schwächung der koordinierten Motilitätsvorgänge ohne erkennbare strukturelle Abnormalitäten ein entscheidender pathogenetischer Mechanismus zu sein scheint. Diese Bedingungen schließen u. a. besonders den gastroösophagealen Reflux, die verzögerte Magenentleerung, den duodenogastralen Reflux und die intestinale Atonie ein und können Ursache sein für allgemeine Erkrankungen und funktionelle Störungen wie die Refluxkrankheit der Speiseröhre und die Refluxösophagitis, die Gastroparese, die funktionelle Dyspepsie, die intestinale Pseudoobstruktion oder die chronische Obstipation.

Der vorliegende Beitrag stellt die Motilitätsabnormalitäten in den Mittelpunkt, die im wesentlichen an der Pathogenese der Refluxkrankheit der Speiseröhre, der funktionellen Dyspepsie und der intestinalen Pseudoobstruktion beteiligt sind.

Refluxkrankheit der Speiseröhre

Langzeit-pH-metrische Untersuchungen mit Messungen über 24 h im distalen Ösophagus haben bei Normalpersonen Refluxepisoden über den Tag ohne entsprechende Symptome gezeigt: hierbei ist der distale Ösophagus einem Säure-pH ausgesetzt über eine Zeitspanne von 2% über den Tag beim Aufsein und von 0,3% in liegender Position. Diese Refluxepisoden verursachen keinerlei Symptome und führen nicht zur Schädigung der Speiseröhrenschleimhaut. Es handelt sich um physiologische Refluxe. Ein Reflux wird pathologisch, wenn er Symptome auslöst wie retrosternales Brennen, saures Aufstoßen und anginaähnliche Thoraxschmerzen oder wenn er lokale Komplikationen verursacht wie Ösophagitis, peptische Struktur, Barrett-Ösophagus oder Aspiration.

Bei Normalpersonen wie auch bei Patienten mit pathologischem Reflux entstehen praktisch alle Refluxepisoden als Folge eines der 3 folgenden Mechanismen: [1] eine vorübergehende komplette Erschlaffung des unteren Ösophagussphinkters, verursacht während des Schluckaktes oder spontan auftretend als sog. inappropriate vorübergehende Erschlaffung des unteren Ösophagussphinkters; [2] ein vorübergehender Anstieg des intraabdominalen Druckes, [3] ein niedriger Ruhedruck des unteren Ösophagussphinkters. Ein physiologischer Reflux tritt im wesentlichen immer als Konsequenz einer vorübergehenden kompletten Erschlaffung des unteren Ösophagussphinkters (UÖS) auf, und dieses ist auch der Mechanismus bei ca. 65% der Refluxepisoden bei Patienten mit Refluxösophagitis. Bei Patienten mit pathologischem Reflux sind die inappropriaten UÖS-Erschlaffungen häufig begleitet von schwerem Reflux, besonders nachts. Neueste Untersuchungen [4] haben gezeigt, daß sogar ein Anstieg des intraabdominalen Drucks einen Reflux nur auslöst, wenn auch gleichzeitig der Druck des UÖS niedrig ist. Ein sehr niedriger Ruhedruck des UÖS von weniger als 6 mmHg ist praktisch immer begleitet von einem schweren Reflux [5]. Es wurde nachgewiesen, daß ein Abfall des UÖS-Drucks sich zusammensetzt aus einem Spektrum von kurzen flüchtigen Sphinktererschlaffungen über längere Perioden eines erniedrigten UÖS-Drucks über eine gewisse Zeitspanne am Tag bis hin zu einem anhaltenden niedrigen Ruhedruck des UÖS [6]. Es ist wichtig darauf hinzuweisen, daß der UÖS-Ruhedruck während des Tages sich verändert in Abhängigkeit von den verschiedenen Phasen des migrierenden Motorkomplexes (MMC): der UÖS-Druck ist am niedrigsten während der Phase 1, steigt zunehmend während der Phase 2 an und ist am höchsten während der Phase 3. Der Ruhe-UÖS-Druck wird vermindert durch fettreiche Mahlzeiten, Schokolade, Pfefferminz und Rauchen.

Ist ein Reflux in das Speiseröhrenlumen einmal aufgetreten, so muß die Speiseröhre von dem Refluat gereinigt werden, und zwar über einen aus 2 Schritten bestehenden Mechanismus: Das Volumen wird in den Magen entleert durch die Schwere und durch die peristaltische Aktivität des Ösophagus, während die restliche chemische Komponente, insbesondere die Restsäure, durch den verschluchten Speichel geklärt wird [7] (Abb. 1).

Eine einzige normale peristaltische Kontraktion erzeugt eine weitgehend komplette Entleerung des Ösophagus. Die Amplitude und Dauer der peristaltischen Kontraktion sind hierbei nur von geringerer Bedeutung für die säureklärende Funktion, die gewährleistet wird bei einem minimalen Amplitudendruck von 12 mmHg in dem oberen und von 25 mmHg in dem unteren Ösophagus. Diese Drücke reichen aus, um eine lumenobliteriende Kontraktion zu erzeugen [8]. Wichtiger als die Amplitude ist die peristaltische oder nichtperistaltische Natur der ösophagealen Kontraktion. Die Säureklärfunktion ist gestört im Falle von nichtperistaltischen Kontraktionen, einem häufigen Befund bei Patienten mit pathologischem Reflux. Es ist unbekannt, ob nichtperistaltische Kontraktionen die Ursache oder die Folge des pathologischen Refluxes und einer Refluxösophagitis sind oder ob die Heilung der ösophagealen Läsionen die peristaltischen Abläufe von Ösophaguskontraktionen verbessert [9].

Säureperfusionsstudien im Ösophagus haben gezeigt, daß Symptome wie retrosternales Brennen direkt in Beziehung stehen mit der Azidität des Refluats und der Kontaktzeit mit der Ösophagusschleimhaut. Weniger klar ist, ob dies auch zutrifft für den säureinduzierten anginaähnlichen Thoraxschmerz

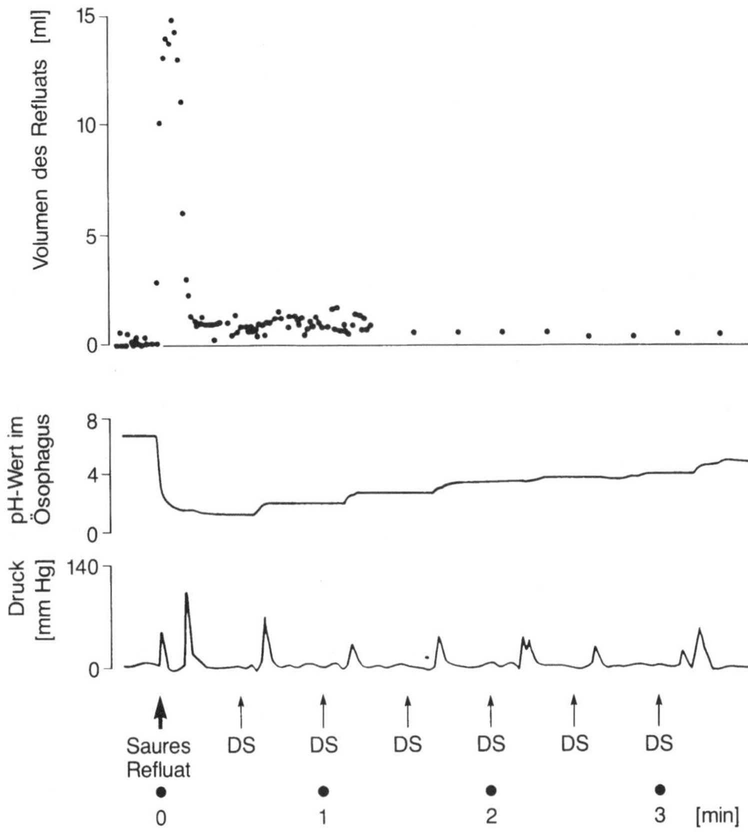

Abb. 1. Selbstreinigung des Ösophagus (*DS* „trockenes Schlucken")

[10–13]. Abgesehen von anderen Faktoren wie Gallereflux, Zytoprotektion der Ösophagusschleimhaut u. a. scheint besonders die Kontaktzeit der refluierten Säure mit der Mukosa ein sehr wichtiger pathogenetischer Faktor für die Refluxösophagitis zu sein: Untersuchungen mittels intraösophagealer Langzeit-pH-Metrie haben in der Tat gezeigt, daß Patienten mit Refluxsymptomen, aber ohne Ösophagitis, charakterisiert sind durch eine große Anzahl von kurz andauernden pH-Abfällen während einer Gesamt-24 h-Periode, während Patienten mit Ösophagitis eine große Anzahl von lang anhaltenden pH-Abfällen zeigen, besonders während der Nacht. Patienten mit schwerer Ösophagitis haben während der Nahrungsaufnahme eine große Anzahl von Refluxepisoden mit einem höheren Aziditätsgrad im Vergleich zu Patienten mit leichter Ösophagitis, wodurch ebenfalls die Bedeutung des Refluxes während der Tageszeit für die Pathogenese der Ösophagitis verdeutlicht wird [14]. Die Refluxkrankheit der Speiseröhre ist deshalb in erster Linie eine Motilitätsstörung. Alle Maßnahmen einschließlich von Arzneimitteln, die den Ruhedruck des unteren Ösophagussphinkters erhöhen und die peristaltischen Bewegungsabläufe der

Speiseröhre verbessern, wie die prokinetischen Substanzen Domperidon, Metoclopramid, Cleboprid und Cisaprid u. a., haben deshalb erwarteterweise einen günstigen Einfluß auf diese Erkrankung. Ob prokinetisch wirkende Arzneimittel auch einen Einfluß haben auf das Auftreten und die Dauer von flüchtigen inappropriaten Erschlaffungen des UÖS, muß in weiteren Studien geklärt werden [15].

Funktionelle Dyspepsie

Die funktionelle Dyspepsie ist ein krankheitsdefiniertes Syndrom, welches Symptome beschreibt, die auf das Epigastrium und den Oberbauch bezogen sind, und die Oberbauchschmerzen und Unbehagen sowie Blähungen, frühes Sättigungsgefühl und Übelkeit einschließen. Die Symptome können, müssen jedoch nicht mit der Nahrungsaufnahme in Beziehung stehen, und sie treten intermittierend oder ständig auf, ohne daß es einen eindeutigen Nachweis für andere Erkrankungen gibt, wie peptische, neoplastische oder andere organische Erkrankungen des Magens, der Speiseröhre sowie der Bauchspeicheldrüse und des hepatobiliären Systems. Die funktionelle Dyspepsie kann weiterhin klassifiziert werden in Untergruppen, von denen eine die sog. motilitätsbezogene Dyspepsie ist, aufgrund einer Symptomenkonstellation, die eine zugrundeliegende Motilitätsstörung nahelegt. Bei der motilitätsbezogenen Dyspepsie können die Oberbauchschmerzen und Beschwerden begleitet sein von Nausea und/oder Erbrechen, frühem Sättigungsgefühl, Blähungen oder Spannungsgefühl sowie exzessivem Aufstoßen.

Die zugrundeliegende Motilitätsstörung, falls sie überhaupt vorliegt, ist nicht immer eindeutig nachweisbar. Corinaldesi et al. [16] bzw. Stanghellini et al. [17] untersuchten die Magenentleerung von festen Nahrungsbestandteilen bei 27 Patienten, die über dyspeptische Symptome klagten ohne erkennbare zugrundeliegende Erkrankung, und sie fanden eine anormal verlängerte Magenentleerungszeit bei ca. 50% dieser Patienten. McCallum glaubt, daß von allen Patienten mit einer sogenannten idiopathischen Magenstase ca. 40% ein chronisch-peptisches Ulkusleiden haben, während 60% typische Symptome einer funktionellen Dyspepsie und eine latente Magenentleerungsstörung für feste Nahrungsbestandteile erkennen lassen infolge einer antralen Motilitätsstörung [18]. Es ist unbekannt, in welchem Ausmaß anormale Motilitätsstörungen des Duodenums und oberen Dünndarms sowie ein duodenogastraler Reflux eine wichtige Rolle spielen bei der funktionellen Dyspepsie. Weiterhin ist es nicht bekannt, in welchem Ausmaß eine verminderte antroduodenale Koordination während der postprandialen Periode miteinbezogen ist in die Entleerungsstörung. Der Einsatz einer sog. Dent-Muffe zur näheren Abklärung der Pylorusfunktion bei diesen Patienten könnte sicherlich neue Erkenntnisse bringen [19, 20].

Verschiedene Magenentleerungsstörungen wurden beschrieben, von denen einige eine wichtige Rolle bei der motilitätsbezogenen Dyspepsie spielen könn-

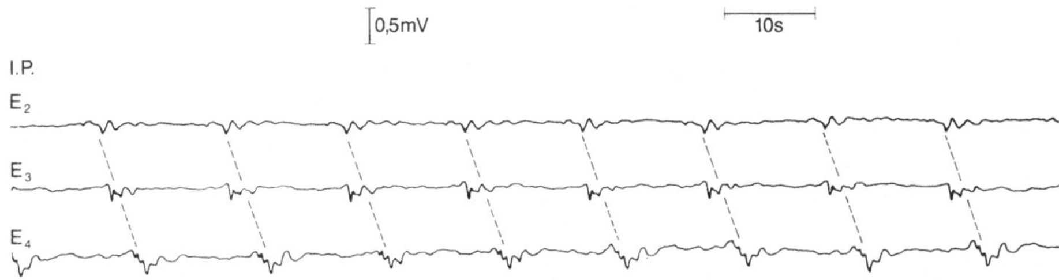

Abb. 2. Tachygastrie mit aboraler Fortpflanzung

ten. Anormalitäten im Rhythmus der langsamen Wellen können Extradepolarisationen einschließen sowie Tachygastrie und Tachyarrhythmie [21]. Die Tachygastrie ist charakterisiert durch eine Sequenz von langsamen Wellen in einer anormal schnellen, aber regulären Frequenz, die für eine oder mehrere Minuten persistiert und gewöhnlich zurückzuführen ist auf die Anwesenheit eines abnormalen Schrittmachers im Antrum [22, 23] (Abb. 2). Das paroxysmale Auftreten einer Tachyarrhythmie stammt von einem oder mehreren ektopischen Schrittmachern her, die langsame Wellen in einer Weise aussenden, daß der Rhythmus irregulär und schneller als normal ist, wobei die langsamen Wellen anormal und variabel in ihrem Ablauf gestaltet sind [24]. Während der Perioden einer Tachygastrie und Tachyarrhythmie zeigt das Antrum überhaupt keine mechanische Aktivität oder Kontraktionen mehr; sie sind gewöhnlich gefolgt von einer kompensatorischen Pause ohne jegliche langsame Wellen [25, 26]. Arrhythmische langsame Wellen wurden auch beschrieben während der Phase 3 des interdigestiven migrierenden Motorkomplexes (MMC) [27]. Die meisten Arrhythmien sind beschränkt auf die interdigestive Phase; die Nahrungsaufnahme führt hierbei oft zu einem Wiedererscheinen eines normalen Rhythmus [25]. Wenn die Arrhythmien nicht auf die Nahrungsaufnahme ansprechen, so kann eine verzögerte Magenentleerung hierdurch auftreten.

Anormalitäten der interdigestiven wie auch der digestiven Motilitätsmuster wurden beschrieben, die in dem Syndrom mit einbezogen sein können. Einige Patienten mit idiopathischer Gastroparese lassen eine Phase 3 des MMC im Antrum vermissen, wodurch eine Neigung zur Bezoarbildung erklärt werden kann, und die auch zu einer nichtbehandelbaren Nausea und Erbrechen beiträgt, wie sie bei diesen Patienten beobachtet wird [28]. Die retrograde Fortpflanzung einer Phase 3 oder einer Phase-3-ähnlichen Aktivität vom Duodenum in das Antrum wurde bei Patienten mit idiopathischer Gastroparese beschrieben.

Bei einigen Patienten mit ungeklärter Dyspepsie führt die Nahrungsaufnahme nicht zu einem typischen digestiven Motilitätsmuster („fed pattern"), sondern hinterläßt ungeordnete Motilitätsmuster der Nüchternphase ohne erkennbare Unterbrechung [30]. Auch eine postprandiale Hypermotilität wurde beschrieben. In einer Serie von 104 Patienten mit funktioneller Dyspepsie zeigten 43 Patienten eine antrale phasische Druckantwort auf eine Nahrungsaufnahme, die unter dem normalen Maß blieb [30].

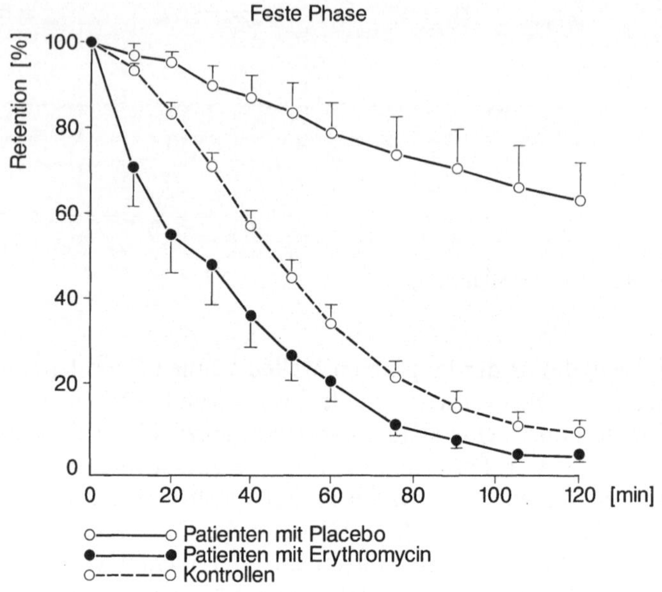

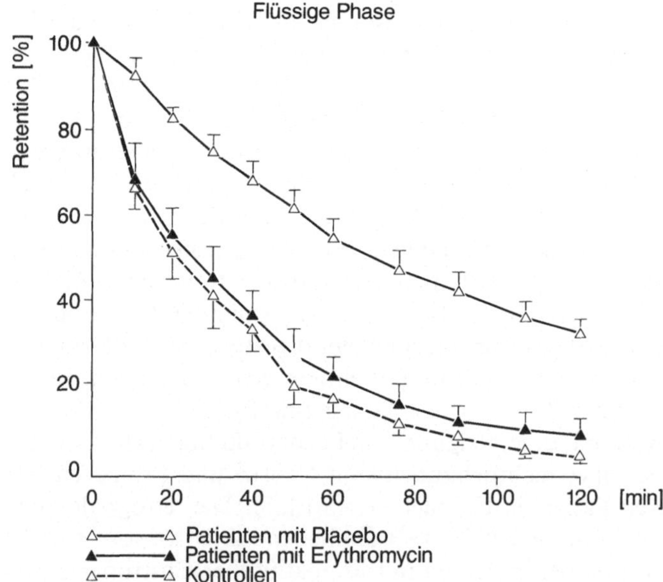

Abb. 3. Verbesserung der Magenentleerung durch Erythromycin bei Patienten mit diabetischer Gastroparese

Prokinetische Arzneimittel wie Domperidon, Metoclopramid und Cisaprid können eine wichtige Rolle bei der Behandlung dieser Patienten spielen, indem sie die Stärke der antralen Kontraktionen erhöhen und die antroduodenale Koordination verbessern. Hierbei wurde die Rolle der neuesten Gruppe von

Prokinetika, die sog. Motilide wie das Erythromycin und seine Derivate bei der funktionellen Dyspepsie noch nicht ausreichend untersucht [31, 32]. Diese Substanzen sind potente Gastrokinetika, von denen kürzlich eine besonders gute Wirkung bei einer schwer gestörten Magenentleerung bei Patienten mit diabetischer Gastroparese mitgeteilt wurde [33] (Abb. 3).

Chronisch-idiopathische intestinale Pseudoobstruktion

Die intestinale Pseudoobstruktion ist ein Syndrom, welches charakterisiert ist durch Symptome und Zeichen einer intestinalen Obstruktion, ohne daß hierbei eine mechanische Blockade nachweisbar ist.

Die chronische intestinale Pseudoobstruktion kann sekundär auftreten auf dem Boden verschiedener Erkrankungen und Störungen wie der systemischen Sklerose, der Amyloidose, der Schilddrüsenunterfunktion sowie der Einnahme bestimmter Arzneimittel u. a. Sie kann außerdem eine primäre Störung im Gastrointestinaltrakt darstellen in Gestalt einer chronisch-idiopathischen intestinalen Pseudoobstruktion (CIIP). Obwohl im wesentlichen der Dünndarm bei der CIIP besonders stark beteiligt ist, gibt es auch Manifestationen, die nicht auf den Gastrointestinaltrakt begrenzt sind. Unser Verständnis der Pathophysiologie der CIIP basiert im wesentlichen auf einer pathologischen Klassifikation, die zwischen viszeralen Myopathien und viszeralen Neuropathien unterscheidet [34]. Die viszeralen Neuropathien können begrenzt sein auf Abnormalitäten des Plexus myentericus, oder sie können vergesellschaftet sein mit Abnormalitäten des extraintestinalen Nervensystems, d. h. des Gehirns, des Rückenmarks, des autonomen Nervensystems sowie des peripheren Nervensystems. Die Störung kann familiär oder sporadisch auftreten. Viszerale Myopathien betreffen nicht nur die intestinale glatte Muskulatur, sondern auch die der Harnblase, des Ureters oder der Regenbogenhaut. Auch hierbei kann die Störung familiär oder sporadisch auftreten.

Die bei Patienten mit CIIP auftretenden Motilitätsabnormalitäten werden nur unzureichend verstanden und basieren auf Fallberichten. Dies ist zum Teil auf die Schwierigkeiten zurückzuführen, manometrische Messungen aus dem Dünndarm zu gewinnen. Sowohl Anormalitäten des langsamen Wellenrhythmus im Dünndarm wie auch Abweichungen der interdigestiven Motilitätsmuster wurden beschrieben. Waterfall teilte bei einem Kind mit CIIP eine Umkehr des Gradienten der langsamen Wellenfrequenz im mittleren Jejunum mit, vergesellschaftet mit anhaltenden Ausbrüchen von spitzen Potentialen, aufgesetzt auf viele langsame Wellen in dieser Region [35]. Der Häufigkeitsgradient der langsamen Wellen im proximalen Dünndarm war hierbei normal. Die Inversion des Häufigkeitsgradienten war wahrscheinlich verantwortlich für den radiologischen Befund einer fehlenden fortschreitenden Kontraktion und zumindestens teilweise für die Pseudoobstruktion. Lewis et al. [36] studierten eine 35jährige Frau mit einer familiären CIIP und fanden eine Abwesenheit langsamer Wellen während des interdigestiven Motorkomplexes mit Ausnahme während des Auftretens der Phase 3 des MMC. Pharmakologische Studien legten nahe, daß die Abnormalitäten zurückzuführen sind auf eine Hyperpolarisation der interstinalen glatten Muskulatur.

Abnormalitäten des migrierenden Motorkomplexes treten sowohl bei viszeralen Neuropathien wie viszeralen Myopathien auf. Verschiedene anormale Kontraktionsmuster wurden beschrieben bei viszeralen Neuropathien einschließlich einer anormalen Fortpflanzung und Konfiguration des MMC mit unkoordinierten Ausbrüchen der phasischen Druckaktivität, eine über mehr als 30 min anhaltende unkoordinierte intestinale Druckaktivität sowie das Ausbleiben eines Nahrungsmusters („fed pattern") infolge einer Mahlzeit [37]. Bei viszeralen Myopathien fand man am häufigsten eine niedrige Amplitude der phasischen Druckwellen oder überhaupt keine Druckwellen [38]. Man ist versucht zu akzeptieren, daß diese Bewegungsanormalitäten verantwortlich sind für die Pseudoobstruktion als auch für sekundäre Phänomene wie eine bakterielle Überbesiedlung [39, 40].

Die klinische Bedeutung der prokinetischen Substanzen bei der CIIP wurde nur teilweise untersucht, obwohl Prokinetika bei Normalpersonen einen Anstieg der Amplitude der intestinalen Kontraktionen sowie auch eine Zunahme der Anzahl der Kontraktionen und ihre peristaltische Fortpflanzung [41–43] zeigen. Der Effekt von erythromycinbezogenen Prokinetika bei der CIIP wurde bisher nicht studiert.

Literatur

1. DeMeester TR, Johnson LF, Joseph GJ, Toscano MS, Hall AW, Skinner DB (1976) Patterns of gastroesophageal reflux in health and disease. Ann Surg 184:459–470
2. Kaye MD (1977) Post-prandial gastroesophageal reflux in healthy people. Gut 18:709–712
3. Dodds WJ, Dent J, Hogan WJ et al. (1982) Mechanism of gastroesophageal reflux in patients with reflux esophagitis. N Engl J Med 307:1547–1552
4. Dent J, Dodds WJ, Hogan WJ, Toouli J (1988) Factors that influence induction of gastroesophageal reflux in normal human subjects. Dig Dis Sci 33:270–275
5. Miller WN, Hogan WJ, Dodds WJ, Arndorfer RC, Stef JJ (1974) A comprehensive investigation of patients with symptoms of gastroesophageal reflux (GER). Gastroenterology 66:747
6. Dent J, Holloway RH, Toouli J, Doods WJ (1988) Mechanisms of lower oesophageal sphincter incompetence in patients with asymptomatic gastrooesophageal reflux. Gut 29:1020–1028
7. Helm JF, Dodds WJ, Pele LR et al. (1984) Effect of esophageal emptying and saliva on clearance of acid from the esophagus. N Eng J Med 310:284–288
8. Kahrilas PJ, Dodds WJ, Hogan WJ (1988) Effect of peristaltic dysfunction on esophageal volume clearance. Gastroenterology 94:73–80
9. Baldi F, Ferrarini F, Longanesi A, Angeloni M, Ragazzini M, Miglioli M, Barbara L (1988) Oesophageal function before, during and after healing of erosive oesophagitis. Gut 29:157–160
10. Smith JL, Opekun AR, Larkai E, Graham DY (1989) Sensitivity to the esophageal mucosa to pH in gastroesophageal reflux disease. Gastroenterology 96:683–689

11. Janssens J, Vantrappen G, Ghillebert G (1986) 24-Hour recording of esophageal pressure and pH in patients with noncardiac chest pain. Gastroenterology 90:1978–1984
12. Ghillebert G, Janssens J, Vantrappen G, Nevens F, Piessens J (1990) Ambulatory 24 hour intra-oesophageal pH and pressure recordings versus provocation tests in the diagnosis of chest pain of oesophageal origin. Gut (in press)
13. Vantrappen G, Janssens J, Ghillebert G (1987) The irritable esophagus – a frequent cause of angina-like pain. Lancet II:1232–1234
14. Vantrappen G, Janssens J (1989) Pathophysiology and treatment of gastroesophageal reflux disease. Scand J Gastroenterol [Suppl 165] 24:7–12
15. Holloway RH, Downton J, Mitchell B, Dent J (1989) Effect of cisapride on postprandial gastro-oesophageal reflux. Gut 30:1187–1193
16. Corinaldesi R, Stanghellini V, Raiti C et al. (1986) Gastric acid secretion and gastric emptying (GE) of solids in patients with chronic idiopathic dyspepsia (CID). Dig Dis Sci [Suppl 10] 31:343
17. Stanghellini V, Corinaldesi R, Monetti N et al. (1986) Gastric emptying of solids and homogenized meals in patients with chronic idiopathic dyspepsia. Dig Dis Sci [Suppl 10] 31:178S
18. McCallum RW (1988) Role of motility in gastric emptying and gastroduodenal reflux. In: Johnson AG, Lux G (eds) Progress in the treatment of gastrointestinal motility disorders: the role of cisapride. Excerpta Medica, Amsterdam, pp 99–112
19. Schuurkes JAJ, Megens AAHP, Niemegeers CJE et al. (1987) A comparative study of the cholinergic vs. the antidopaminergic properties of benzamides with gastrointestinal prokinetic activity. In: Szursewski J (ed) Proceedings of the 10th International Symposium on Gastrointestinal Motility, Rochester, September 1985. Elsevier, Amsterdam, pp 231–247
20. Fone DR, Horowitz M, Dent J, Read NW, Heddle R (1989) Pyloric motor response to intraduodenal dextrose involves muscarinic mechanisms. Dig Dis Sci 97:83–90
21. Vantrappen G, Hellemans J, Janssens J, Valembois P, Ponette E (1969) La motilité antrale et le mécanisme de l'évacuation gastrique. In: L'antre gastrique – Journées Françaises de Gastro-entérologie. Masson, Paris, pp 19–30
22. Stoddard CJ, Smallwood RH, Duthie HL (1981) Electrical arrhythmias in the human stomach. Gut 22:705–712
23. You CH, Chey WY, Menguy R (1980) Electrogastrographic study of patients with unexplained nausea, bloating, and vomiting. Gastroenterology 79:311–314
24. Code CF, Marlett JA (1974) Modern medical physiology. Canine tachygastria. Mayo Clin Proc 49:325–332
25. Vantrappen G, Schippers E, Janssens J, Vandeweerd M (1984) What is the mechanical correlate of gastric dysrhythmia? Gastroenterology 86:1288
26. You CH, Chey WY (1984) Study of electromechanical activity of the stomach in humans and in dogs with particular attention to tachygastria. Gastroenterology 86:1460–1468
27. Gullikson GW, Okuda H, Shimizu M, Bass P (1980) Electrical arrhythmias in gastric antrum of the dog. Am J Physiol 239:G59–G68
28. Labo G, Bortolotti M, Vezzadini P, Bonora G, Bersani G (1986) Interdigestive gastroduodenal motility and serum motilin levels in patients with idiopathic delay in gastric emptying. Gastroenterology 90:20–26
29. Cottrell CR, Sninsky CA, Martin JL, Mathias JR (1982) Are alterations in gastroduodenal motility responsible for previously unexplained nausea, vomiting, and abdominal pain? Dig Dis Sci 27|7:650
30. Malagelada JR, Stanghellini V (1985) Manometric evaluation of functional upper gut symptoms. Gastroenterology 88:1223–1231
31. Omura S, Tsuzuki K, Sunazuka T et al. (1987) Macrolides with gastrointestinal motor stimulating activity. J Med Chem 30:1941–1943

32. Christofides ND, Bloom SR, Besterman HL, Adrian TE, Ghateï MA (1979) Release of motilin by oral and intravenous nutrients in man. Gut 20:102–106
33. Janssens J, Peeters TL, Vantrappen G et al. (1990) Improvement of gastric emptying in diabetic gastroparesis by erythromycin. Preliminary studies. New Engl J Med (in press)
34. Schuffler MD, Rohrmann CA, Templeton FE (1976) The radiologic manifestations of idiopathic intestinal pseudo-obstruction. AJR 127:729–736
35. Waterfall WE, Cameron GS, Sarna SK, Lewis TD, Daniel EE (1981) Disorganized electrical activity in a child with idiopathic intestinal pseudoobstruction. Gut 22:77–83
36. Lewis TD, Daniel EE, Sarna SK, Waterfall WE, Marzio L (1978) Idiopathic intestinal pseudoobstruction. Report of a case with intraluminal studies of mechanical and electrical activity, and response to drugs. Gastroenterology 74:107–111
37. Stanghellini V, Camilleri M, Malagelada JR (1987) Chronic idiopathic intestinal pseudoobstruction: clinical and intestinal manometric findings. Gut 28:5–12
38. Summers RW, Anuras S, Green J (1983) Jejunal manometry patterns in health, partial intestinal obstruction and pseudo-obstruction. Gastroenterology 88:1290–1300
39. Vantrappen G, Janssens J, Hellemans J, Ghoos Y (1977) The interdigestive motor complex of normal subjects and patients with bacterial overgrowth of the small intestine. J Clin Invest 59:1158–1166
40. Vantrappen G, Janssens J, Coremans G, Jian R (1986) Gastrointestinal motility disorders. Dig Dis Sci 319:5S–25S
41. Lipton AB, Knauer CM (1977) Pseudo-obstruction of the bowel. Therapeutic trial of metoclopramide. Dig Dis Sci 22:263–265
42. Camilleri M, Brown ML, Malagelada MR (1986) Impaired transit of chyme in chronic intestinal pseudoobstruction. Gastroenterology 91:619–626
43. Hyman PE, McDiarmid SV, Napolitanto J et al. (1988) Antroduodenal motility in children with chronic intestinal pseudoobstruction. J Pediatr 112:899–905

Diskussion

Teilnehmer:
Warum glauben Sie, daß Erythromycin bei Patienten mit diabetischer Gastroparese die Symptome verbessert?

Janssens:
Ich habe nicht gesagt, daß Erythromycin die Symptome bei Diabetikern bessert, sondern dies muß erst in einer Studie belegt werden. Liegt jedoch eine klinische bedeutsame Entleerungsstörung vor, die auf eine diabetische autonome Neuropathie zurückzuführen ist, so wirkt diese Substanz im Einzelfall sehr gut. Wir beobachten zur Zeit einen Patienten mit schwerer diabetischer Gastroparese, der praktisch nichts zu sich nehmen kann und unter andauernder parenteraler Ernährung zu Hause steht. Wenn wir diesen Patienten 3 mal pro Tag intraluminal Erythromycin verabreichen, dann kann er völlig normale Mahlzeiten über den Tag verteilt essen. Der Wirkungsmechanismus von Erythromycin muß der von Motilin ähnlich sein, weshalb Erythromycin auch als Motilid bezeichnet wird. Diese Erkenntnis eröffnet ein völlig neues Feld für die Entwicklung von prokinetisch wirksamen Substanzen.

Tytgat (Amsterdam):
Wenn Sie funktionelle Dyspepsie sagen, bedeutet dies, daß keinerlei fokale Läsionen im Magen und Duodenum endoskopisch sichtbar waren? Und meine 2. Frage lautet: Bewirkt die Entzündung im Sinne einer akuten oder chronischen Gastritis direkt Motilitätsstörungen?

Janssens:
Meiner Meinung nach wissen wir dies nicht genau. Es ist bekannt, daß Helicobacter pylori bei vielen Patienten mit sogenannter funktioneller Dyspepsie nachweisbar ist, ohne daß Erosionen oder Ulzera vorliegen. Inwieweit diese Helicobacter-pylori-Besiedlung der Magenschleimhaut Motilitätsstörungen verursacht, wissen wir bisher nicht. Hier müssen weitere Studien abgewartet werden.

Hotz:
Sie haben 2 verschiedene Mechanismen für die Entstehung einer Refluxösophagitis erwähnt, einmal die Verminderung des Druckes des unteren Ösopha-

gussphinkters, zum anderen die verminderte propulsive Motilität im tubulären Ösophagus mit herabgesetzter Klärfunktion für zurückgeflossene Säure. Wo glauben Sie, ist der wichtigere Ansatzpunkt für die Therapie mit Prokinetika, in der Stärkung des unteren Ösophagus oder in der Klärfunktion oder in beidem?

Janssens:

Es gibt zahlreiche Studien, die zeigen, daß Prokinetika den unteren Ösophagussphinkterdruck erhöhen. Ob dieser Effekt auch bei einer Langzeittherapie genügend lange anhält, wissen wir nicht. Zum einen gibt es nur Akutstudien z. B. mit Cisaprid, in denen eine Verstärkung des unteren Ösophagussphinkters lediglich über eine Periode von 1 1/2 h nachgewiesen wurde. Außerdem gibt es Untersuchungen, die es nahelegen, daß die peristaltische Aktivität im tubulären Ösophagus nicht beschleunigt, sondern lediglich die Amplitude der Druckwellen erhöht wird, um auf diese Weise die Entleerung des Ösophagus zu verbessern. Meines Erachtens gibt es bisher keine Studien, die zeigen, daß die Prokinetika die peristaltischen Vorgänge im Ösophagus verbessern. Eine weitere Möglichkeit wäre es, daß Prokinetika die nichtperistaltischen sog. tertiären Kontraktionen unterdrücken und hierdurch die Klärfunktion verbessern. Weitere Studien sind jedoch zu dieser Frage notwendig.

Therapeutische Prinzipien bei Motilitätsstörungen des oberen Gastrointestinaltraktes mit besonderer Berücksichtigung der Refluxösophagitis und des Reizmagensyndroms (Non-ulcer Dyspepsie, NUD)

J. Hotz

Speiseröhre

Achalasie und diffuser Ösophagusspasmus

Die Achalasie ist gekennzeichnet durch 2 verschiedene Störungen am unteren Ösophagussphinkter bzw. im Bereich des tubulären Ösophagus mit unvollständiger bis völlig aufgehobener schluckreflektorischer Erschlaffung des unteren Ösophagussphinkters (UÖS) und erhöhtem Ruhedruck sowie mit Hypomotilität der tubulären Speiseröhre und weitgehend aufgehobener Peristaltik. Die Folge ist ein ausgeprägtes Dysphagiesyndrom mit Regurgitation bis hin zur Aspiration und chronischer Pneumonie.

Dagegen ist der diffuse Ösophagusspasmus gekennzeichnet durch relativ lang persistierende, tertiäre stehende Kontraktionen im tubulären Ösophagus bei meist normaler schluckreflektorischer Erschlaffung im Bereich des UÖS. Leitsymptome sind retrosternale Schmerzen und Schluckerschwernis während des Schluckaktes für feste wie auch für flüssige Speisen. Beide Schluckstörungen des Ösophagus sind selten und lassen sich durch spezifische manometrische Befunde beweisen. In einigen Fällen liegen gemischte Motilitätsstörungen vor mit unterschiedlicher Ausprägung der Einzelkomponenten einer Achalasie bzw. eines diffusen Ösophagusspasmus. Der Beweis dieser Störungen ist oft auch durch Manometrie schwierig.

Die *Therapie der Achalasie* besteht in den frühen Stadien in dem Versuch einer symptomatischen Besserung der Dysphagie durch Verabreichung von Nitroglycerin oder Isosorbitdinitrat. Auch Kalziumblocker wie Nifedipin oder andere können versucht werden. Bei fortgeschrittenen Stadien ist jedoch die alleinige medikamentöse Therapie nicht ausreichend, sondern es muß eine mechanische Dilatation des unteren spastisch eingeengten Ösophagussphinkters vorgenommen werden. Hierbei hat die endoskopische pneumatische Dilatation die Spreizung mit der Starck-Sonde verdrängt, insbesondere auch wegen des geringeren Perforationsrisikos. Die pneumatische Dilatation kann wiederholt vorgenommen werden. Bei nicht ausreichendem Ansprechen ist eine operative Durchtrennung der Muskelschichten im Bereich des UÖS (Operation nach Heller) angezeigt.

Therapeutische Möglichkeiten bei der Achalasie

Medikamente: Unwirksam in schweren Fällen,
Symptomatische Besserung in Frühstadien
und zusätzlich zur Dilatation

Substanzen: Nitroglyzerin
Isosorbitdinitrat
Kalziumblocker (z. B. Nifedipin oder ähnlichem)

Dilatation: Wiederholte endoskopische pneumatische Dilatation,
dem Sondenverfahren nach Stark überlegen (Risiko
der Perforation)

Chirurgisch: Myotomie (Heller-Operation oder Kardiaplastik)
Indikation bei Nichtansprechen auf Dilatation

Die *Behandlung des diffusen Ösophagusspasmus* ist schwierig. Versucht werden muskelrelaxierende Medikamente wie Nitropräparate, Isiosorbitdinitrat und auch Kalziumblocker. Bei den Mischformen mit Hinweisen auf spastische Erhöhung des UÖS kann zusätzlich eine pneumatische Dilatation ex juvantibus versucht werden.

Refluxösophagitis (Refluxkrankheit der Speiseröhre)

Die Refluxkrankheit der Speiseröhre ist klinisch charakterisiert durch typische Refluxsymptome mit saurem Aufstoßen, retrosternalem Brennen und Schmerzen besonders während des Schluckaktes aber auch in der Nüchternphase. Endoskopisch lassen sich verschiedene Stadien unterscheiden, die in üblicher Weise nach den Autoren Savary u. Miller klassifiziert werden (Abb. 1):

Stadium 0 – I: Klaffen der Kardia mit oder ohne Erythem
Stadium I: nicht konfluierende Erosionen
Stadium II: konfluierende Erosionen
Stadium III: zirkulär konfluierende Erosionen im Kardiabereich
Stadium IV a: ulzeröse Ösophagitis mit Endobrachyösophagus, Übergangsulkus und Barrett-Ulkus
Stadium IV b: peptische Ösophagusstenose und Endobrachyösophagus.

Von anderer Seite wurde vorgeschlagen, das distale Ösophagusschleimhauterythem mit Kardiainsuffizienz als Stadium I zu bezeichnen und dann die weiteren Stadien nach Savary u. Miller mit einer um jeweils 1 erhöhten Ordnungszahl zu benennen. Es werden kurzfristige Spontanverläufe ohne wesentliche Rezidivneigung beobachtet neben den häufigeren langfristigen Spontanverläufen, die mit chronisch schwelendem oder schubweise ansteigendem und wieder abklingendem Beschwerdebild über Jahre anhalten. Hierbei korreliert die Viel-

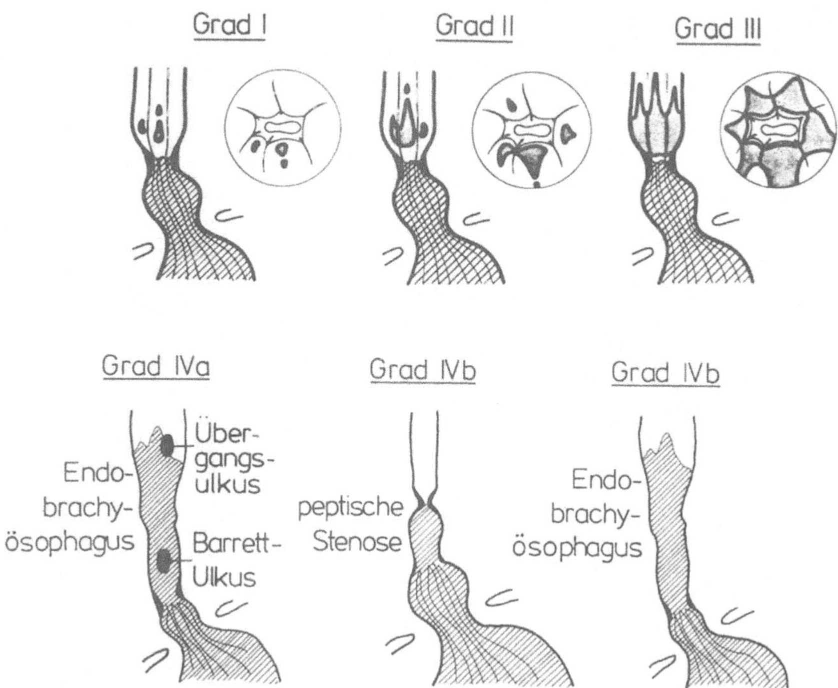

Abb. 1. Endoskopische Klassifizierung der erosiven Ösophagitis nach Savary u. Miller in den Stadien I–III (*oben*) sowie Klassifizierung der ulzerösen Ösophagitis IV a/IV b (nach Savary u. Miller). Das Übergangsulkus befindet sich am Übergang vom Platten- zum Zylinderepithel, das Barrett-Ulkus liegt innerhalb des Zylinderepithels im Brachyösophagus. Außerdem wird als Schweregrad IV a auch ein Endobrachyösophagus mit erosiven Veränderungen oder mit peptischer Stenose bezeichnet. [2]

falt und Ausprägung der Beschwerden in vielen Fällen nicht mit dem endoskopischen Bild. Im Endstadium steht die Dysphagie im Vordergrund mit Schluckerschwernis besonders für feste Speisen (im Gegensatz zur Achalasie für flüssige und feste Speisen). Dieses Stadium muß durch vorzeitige Diagnosestellung und adäquate Therapiemaßnahmen und regelmäßige klinische Kontrollen vermieden werden.

Pathogenese als Grundlage verschiedener Therapieprinzipien (Abb. 2)

Die Refluxkrankheit der Speiseröhre ist mit Entwicklung einer erosiven oder ulzerösen Ösophagitis Folge eines pathologischen Refluxes von saurem, mit Pepsin angereicherten Magensaft, dem Galle aus dem Duodenum beigemischt sein kann. Die häufigere primäre Form der Refluxösophagitis wird verursacht [1] durch einen gestörten Schluß des unteren Ösophagussphinkters zwischen den Schluckakten und in der interdigestiven Phase [2], durch eine gestörte Motilität im distalen Ösophagus mit herabgesetzter Selbstreinigungsfunktion

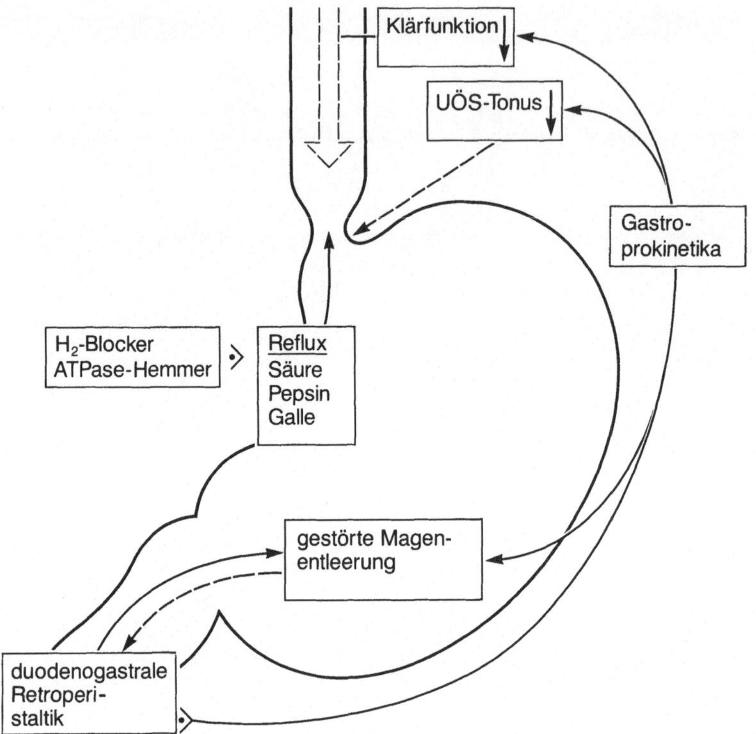

Abb. 2. Pathogenetische Faktoren bei der Refluxösophagitis als Grundlage verschiedener Therapieprinzipien

für refluierten Mageninhalt [3], sowie möglicherweise durch eine gestörte Magenentleerung mit verstärktem duodenogastralem Reflux (Abb. 2, s. auch Beitrag Janssen). Hiebei zielen die wichtigsten medikamentösen Prinzipien auf eine Verbesserung der Motilitätsstörungen durch Verabreichung von Gastroprokinetika und durch eine Verminderung der aggressiven Eigenschaften des Magensaftinhaltes durch Gabe von stark säurehemmenden Medikamenten wie H₂-Blockern oder ATPase-Hemmern. Pathogenetisch förderlich für die Entwicklung einer Refluxösophagitis sind zusätzlich zahlreiche exogene Faktoren wie Rauchen, fett- und kohlenhydratreiche Mahlzeiten, hochprozentige Alkoholika sowie Verabreichung von Medikamenten, die den unteren Ösophagussphinktertonus schwächen, wie Anticholinergika, Nitritverbindungen und Kalziumblocker. Weiterhin pathogenetisch bedeutsam sind jegliche Zustände, die den intraabdominalen Druck erhöhen, wie Fettsucht, chronische Obstipation, Streß und Hektik, voluminöse Mahlzeiten und modisch bedingtes Einschnüren der Taille.

Therapeutische Möglichkeiten

Allgemeinmaßnahmen

Um den verschiedenen pathogenetischen Refluxmechanismen entgegen zu wirken, werden allgemeine Maßnahmen empfohlen wie kleine und häufige Mahlzeiten, die möglichst fettarm und eiweißreich sein sollten (Fett schwächt, Eiweiß stärkt nachweislich den unteren Ösophagussphinkter), das Unterlassen der Nahrungsaufnahme 2 – 3 h vor dem Zubettgehen und Vermeiden des Nachmittagschlafes, Gewichtsreduktion bei Adipositas sowie insbesondere möglichst vollständiges Rauchverbot. Die Wirksamkeit des Hochstellens des Bettkopfendes um ca. 20 cm z. B. durch entsprechend hohe Holzblöcke oder Ziegelsteine wurde in einer kontrollierten Studie nachgewiesen, wobei sowohl die Refluxsymptome signifikant abnahmen, als auch sich eine endoskopische Abheilung zeigte und das Therapieergebnis von Ranitidin durch diese zusätzliche Maßnahme ebenfalls signifikant verbessert wurde [4]. Außerdem sollte der Arzt darauf achten, keine Medikamente für andere Erkrankungen zu verschreiben, die den unteren Ösophagussphinkter schwächen, wie Anticholinergika, besonders aber auch Nitritpräparate und Kalziumblocker bei kardiologischen Problemen. Sollten letztere Präparate nicht zu umgehen sein, so ist eine intensivierte Therapie der Refluxkrankheit notwendig.

Allgemeinmaßnahmen bei der Refluxösophagitis

- Kleine und häufige Mahlzeiten (fettarm, eiweißreich)
- Hochstellen des Kopfendes des Bettes um ca. 20 cm
- Vermeiden von Mahlzeiten weniger als 3 h vor dem Zubettgehen und
- Vermeiden von Hinlegen nach den Mahlzeiten
- Gewichtsreduktion bei Adipositas
- Vermeiden von Alkohol und Nikotin
- Keine spasmolytisch wirkenden Substanzen (z. B. Anticholinergika, Nitrite, Kalziumblocker u. a.)

Medikamente

Zur Verfügung stehen Medikamente, die

1. die Säuresekretion unterdrücken bzw. neutralisieren,
2. Medikamente mit Schutzwirkung auf die Ösophagusschleimhaut,
3. Medikamente, die die gestörten motorischen Funktionen des oberen Gastrointestinaltraktes verbessern (Gastroprokinetika).

Säurebindende und säurehemmende Medikamente

Antazida: Obwohl Antazida die am häufigsten bei Refluxsymptomen eingesetzten Medikamente sind, ist ihr therapeutischer Wert bei der Refluxösophagitis gegenüber einer Placebogabe bisher nicht bewiesen worden, trotz hoher stark säureneutralisierender Dosen sowohl was die Besserung der Refluxsymptome als auch der erosiven Veränderungen angeht. Somit dürften die von den Patienten angegebenen flüchtigen beschwerdelindernden Effekte durch die Einnahme von flüssiger Antazida eher auf die mechanische vorübergehende Reinigung des distalen Ösophagus als auf eine anhaltende Neutralisation des refluierten sauren Mageninhaltes zurückzuführen sein [5–7] (Tabelle 1).

H_2-Rezeptorantagonisten: Cimetidin in relativ hohen Dosen von 3 bis 4mal 400 mg täglich zeigte eine signifikante Wirksamkeit im Vergleich zur Placebo-

Tabelle 1. Wirkung von Antazida auf das Beschwerdebild der Refluxösophagitis

Autoren	n	Beschwerdebesserung (Angaben in %) mit		
		Placebo	Antazida	Signifikanz
Meyer et al. 1979 [5]	20	90	89	–
Furmann et al. 1982 [6]	35	40	25	–
Graham et al. 1982 [7]	32	30	31	–

Tabelle 2. Wirksamkeit von Cimetidin (*Cim*) und Ranitidin (*Ran*) bei der Refluxösophagitis

Autor	n	H_2-Blocker (Tagesdosis)	Heilung vs. Placebo (Angaben in %)	Signifikanz
Lepsien et al. 1979 [8]	36	Cim 4·400 mg		
		6 Wochen	57/50	–
		12 Wochen	68/31	+
Wesdorp et al. 1978 [9]	24	4·400 mg		
		8 Wochen	66/0	+
Ferguson et al. 1979 [10]	26	4·400 mg		
		6 Monate	66/32	+
McCallum et al. 1986 [11]	284	Ran 2·150 mg		
		6 Wochen	55/40	+
Grove et al. 1985 [12]	37	2·150 mg		
		6 Wochen	42/31	(+)
Wesdorp et al. 1983 [13]	36	2·150 mg		
		6 Wochen	80/24	+

behandlung über einen Therapiezeitraum von 6–8 Wochen [8, 9] bzw. über 6 Monate ([10] Tabelle 2). In diesen Studien war eine prozentual stärkere Besserung der Refluxsymptome im Vergleich zur Abnahme der erosiven Veränderungen auffallend. Für Ranitidin konnte ebenfalls in zahlreichen Studien eine eher noch stärkere Wirksamkeit über eine Therapiedauer von 6 Wochen sowohl auf die Refluxsymptome wie auch auf die morphologischen Veränderungen im distalen Ösophagus gezeigt werden. Nach Absetzen des H_2-Blockers zeigte sich in vielen Fällen ein schnell einsetzendes Rezidiv. Eine Dauerbehandlung zur Rezidivprophylaxe mit halber Dosis von 150 mg zum Abstand war ineffektiv [11–13] (Tabelle 2). Eine Vergleichsstudie zwischen Cimetidin und Ranitidin zeigten keine signifikante Überlegenheit einer der beiden H_2-Blocker unter den angewandten Dosen [14, 15]. Für die neueren H_2-Blocker Famotidin, Nizatidin und Roxatidin liegen noch keine ausreichenden kontrollierten Erfahrungen vor. Von einer ähnlichen Wirksamkeit kann jedoch aufgrund des Wirksamkeitprofils auf die Säuresekretion ausgegangen werden.

ATPase-Hemmer: In dem bisher schon in großer Zahl durchgeführten kontrollierten Studien zur Wirksamkeit des ATPase-Hemmer Omeprazol erwies sich dessen Wirksamkeit als deutlich überlegen der Placebobehandlung wie auch der Behandlung mit dem H_2-Blocker Ranitidin [16–19] (Tabelle 3). Hierbei zeigte sich in der relativ kurzen Therapiephase von nur 4 Wochen ein Ansprechen auf die Symptomatik wie auch auf die endoskopischen Läsionen im unteren Ösophagus in mehr als 80% der Fälle im Stadium I–II der Refluxösophagitis. In höheren Stadien zeigte sich eine Abheilungsquote von über 80% nach einer Therapiedauer von 8 Wochen. Nach Absetzen der Therapie kommt es jedoch schnell wieder zum symptomatischen Rezidiv [16] gefolgt von wiederauf-

Tabelle 3. Wirksamkeit des ATPase-Hemmers Omeprazol (*Om*) im Vergleich zu Placebo (*Plc*) bzw. Ranitidin (*Ran*)

Autor	n	Omeprazol (Tagesdosis)	Vergleichs-substanz	Heilungsquote Om/Plc bzw. Ran (Angaben in %)	Signifikanz
Hetzel et al. 1988 [16]	64	20/40 mg	Placebo		
			4 Wochen	82/8	+ +
Vantrappen et al. 1988 [17]	61	40 mg	Ran (2 × 150 mg)		
			4 Wochen	85/41	+ +
			8 Wochen	97/52	+ +
Lundell et al. 1989 [18]	98	40 mg	Ran (2 × 300 mg)		
			4 Wochen	64/19	+ +
			8 Wochen	86/40	+ +
			12 Wochen	91/49	+ +
Sandmark et al. 1988 [19]	152	20 mg	Ran (2 × 150 mg)		
			4 Wochen	67/32	+ +
			8 Wochen	85/52	+ +

schießenden endoskopisch nachweisbaren erosiven Läsionen. Aus diesem Grunde ist in den meisten Fällen, besonders im Stadium III und IV nach Bougierung, eine Langzeittherapie nicht zu umgehen. Bisherige Erfahrungen bei einer begrenzten Patientenzahl zeigen, daß beim Menschen offensichtlich diese Langzeitbehandlung mit 20–40 mg Omeprazol täglich kein erhöhtes Risiko für eine ECL-Zellhyperplasie (ECL = enterochromaffine like) oder gar eine karzinomatöse Entartung der Schleimhaut in sich birgt [34]. Bis jedoch genügende Langzeiterfahrungen vorliegen, sollten Patienten, die unter Langzeittherapie mit Omeprazol stehen, regelmäßig endoskopiert werden, und es sollte der Gastrinspiegel bestimmt werden. Versuchsweise sollte die Therapie auch immer wieder unterbrochen werden.

Schleimhautschützende Medikamente: Inwieweit Antazida neben dem neutralisierenden Effekt auf die Magensäure zusätzlich eine schleimhautschützende Wirkung im distalen Ösophagus hat, ist bisher nicht geklärt. Wegen der fehlenden Wirkung von Antazida in kontrollierten Studien dürfte dieser Effekt, wenn vorhanden, nur äußerst gering sein. Ein Kombinationspräparat von Alginsäure und einem leichten Antazidum (Gaviscon) wurde bei der Refluxösophagitis unter der Vorstellung eines verstärkten Schleimhautschutzes versucht, ohne daß in kontrollierten Studien ein Effekt auf die Haltung oder die stärker ausgeprägte Symptomatik nachweisbar war. Dagegen konnte in kontrollierten Studien eine signifikant günstige Wirkung von Sucralfat auf die Refluxbeschwerden nachgewiesen werden, während die Heilungserfolge nur unsicher waren [20, 21]. Das Präparat wirkt als wasserunlösliches basisches Aluminiumsalz des Saccharosesulfats schleimhautschützend, indem es sich mit Fibrin verbindet und dadurch einen Schutzfilm bevorzugt über die erosiven Läsionen legt.

Prokinetika: In zahlreichen Studien konnte gezeigt werden, daß sowohl nach der intravenösen Gabe wie auch nach oraler Applikation die verschiedenen Prokinetika wie Metoclopramid, Domperidon oder Cisaprid sowohl den Tonus des unteren Ösophagussphinkters wie auch eine Verstärkung der Peristaltik im distalen Ösophagus mit Erhöhung der Selbstreinigungsfunktion bewirken [22–26], s. auch Beitrag Janssen (Abb. 3). Während für die klinische Wirksamkeit von Domperidon, abgesehen von einer Studie bei Kindern [28], keine ausreichenden Erfahrungen vorliegen, weisen frühere Studien mit Metoclopramid gegenüber Placebo insbesondere einen günstigen Effekt auf die Refluxsymptomatik mit nur unsicherer Wirkung auf die Schleimhautläsionen auf (Literatur in [24]). In einer Studie [29] konnte bei insgesamt 50 Patienten für Metoclopramid ein ähnlicher Effekt wie für Cimetidin auf die Refluxbeschwerden und die Abheilungsquote von Erosionen beobachtet werden. Dagegen war die Abheilungsquote der Refluxösophagitis unter Metoclopramid in der Dosierung 3mal 10 mg derjenigen von Ranitidin mit der Dosierung von 2mal 150 mg unterlegen [30] (s. Tabelle 4). Das neue Gastroprokinetikum Cisaprid erwies sich in kontrollierten Studien einer Placebobehandlung als überlegen bei ähnlicher Wirksamkeit wie Ranitidin in der Dosierung von 2mal

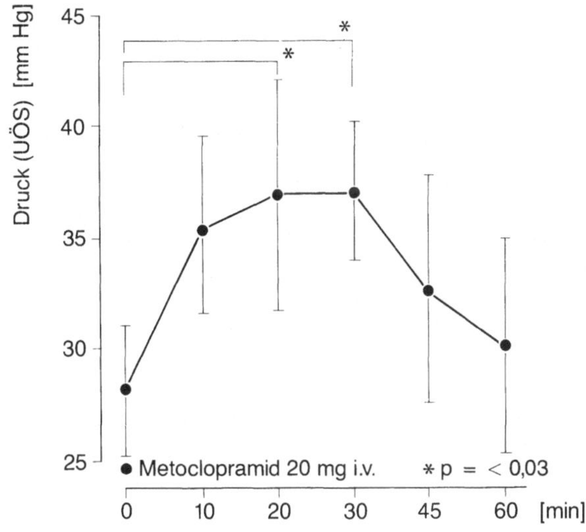

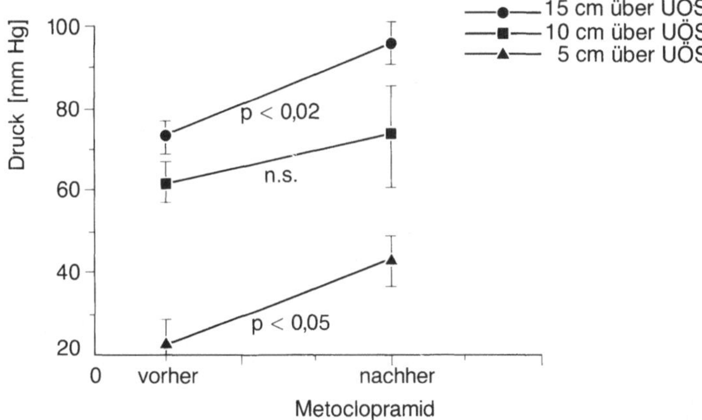

Abb. 3. Ansteigen der Drucke im unteren Ösophagussphinkter (*UÖS; oben*) und 5, 10 und 15 cm oberhalb des unteren Ösophagussphinkters (*UÖS; unten*) beim Menschen (Aus [27])

150 mg [31, 32] (Tabelle 4). In einer weiteren kontrollierten Studie war die Kombinationsbehandlung mit Cisaprid plus Cimetidin der Monotherapie mit Cimetidin allein sowohl in der Abheilungsgeschwindigkeit wie auch in der Beschwerdelinderung überlegen.

Der Versuch, das Cholinergikum Bethanechol, welches nachweislich den Tonus des unteren Ösophagussphinkters erhöht, bei der Refluxösophagitis therapeutisch zu nutzen, hat sich nicht durchgesetzt, zumal das Präparat auch gleichzeitig die Magensäuresekretion stimuliert. Bei der sekundären Form der Refluxösophagitis bis auf dem Boden einer Obstruktion im distalen Magen

Tabelle 4. Wirksamkeit der Prokinetika Metoclopramid (*MCP*) und Cisaprid (*Cis*) bei der Refluxösophagitis im Vergleich zu Placebo (*Plc*) und H_2-Blockern [Cimetidin (*Cim*) und Ranitidin (*Ran*)] oder Kombination von Prokinetika mit H_2-Blockern

Autor	n	Prokinetika (Tagesdosis)	Vergleichssubstanz	Abheilquote (Angaben in %)	Signifikanz
Bright-Acsare et al. 1980 [29]	50	MCP 4 × 10 mg	Cim 4 × 10 mg	gleich	−
Guslandi et al. 1983 [30]	42	MCP 3 × 10 mg	Ran 2 × 150 mg	51/82	+
Janisch et al. 1988 [31]	56	Cis 4 × 10 mg	Ran 2 × 150 mg		
		6 Wochen		73/47	+
		12 Wochen		90/82	−
Lepontre et al. 1987 [32]	20	Cis 4 × 10 mg	Plc		
		16 Wochen		90/41	+
Galmiche et al. 1988 [33]	47	Cis 4 × 10 mg + Cim 1 g	Cim 1 g + Plc		
		6 – 12 Wochen		70/46	+

oder oberen Dünndarm stehen die säurehemmenden medikamentösen Therapieverfahren im Vordergrund, in erster Linie jedoch, wenn möglich, die Beseitigung der gastrointestinalen Lumenverlegung.

Praktisches Vorgehen bei der Refluxösophagitis

Nach Stellung der Diagnose und Gradeinteilung einer Refluxösophagitis, die unterstützt werden kann durch eine Langzeit-pH-Metrie, werden zunächst die Allgemeinmaßnahmen berücksichtigt (s. S. 45). In Tabelle 5 sind die verschiedenen medikamentösen Möglichkeiten und ihre klinische Wirksamkeit zusammengefaßt. Die verschiedenen Substanzen sollten je nach Schweregrad insbesondere auch unter dem Gesichtspunkt der vorherrschenden Symptome bzw. der Schwere der endoskopischen Läsionen schrittweise eingesetzt werden (s. Übersicht von S. 10).

Bei der leichten Form einer Refluxösophagitis im Stadium 0 − I nach Savary u. Miller werden im ersten Schritt entweder als Gastroprokinetikum Metoclopramid oder Cisaprid, wahlweise auch Domperidon in üblicher Dosierung versucht, unterstützt mit Antazida auf Bedarf. Bei stärkerer Ausprägung der Refluxbeschwerden empfiehlt sich der Beginn mit einem der handelsüblichen H_2-Blocker, evtl. kombiniert mit einem Prokinetikum. Im Stadium I − II sollte immer mit einem H_2-Blocker in üblicher Dosierung begonnen werden, die bei nichtausreichendem Ansprechen verdoppelt werden sollte. In diesen Fällen empfiehlt sich auch die zusätzliche Gabe eines Prokinetikums, solange

Tabelle 5. Medikamentöse Möglichkeiten bei der Refluxösophagitis

	Klinische Wirksamkeit	Nebenwirkungen
Prokinetika		
Bethanechol	(+)	+ +
Metoclopramid	+	(+)
Domperidon	+	(+)
Cisaprid	+	−
		(Diarrhö?)
Säureneutralisation/Säurehemmung		
Antazida	−	(+)
Pirenzepin	(+)	(+)
H_2-Blocker	+ +	−
ATPase-Hemmer	+ + +	(−)
(Omeprazol)		
Schleimhautschutz		
Sucralfat	+	−
Alginsäure	−	−

die Refluxsymptome nicht vollständig abgeklungen sind. Versagt diese Kombinationstherapie, so sollte auf Omeprazol in der Dosierung von 20 – 40 mg täglich übergegangen werden. Wahlweise kann auch besonders bei Rezidiven mit Omeprazol begonnen werden. Im symptomenreichen Stadium II, in jedem Falle aber im Stadium III und IV ist Omeprazol ist Medikament der ersten Wahl angezeigt. Bei nicht ausreichendem Ansprechen insbesondere des Beschwerdebildes sollten Gastroprokinetika zugesetzt werden. Nach vollständigem Abklingen der Symptome und endoskopischen Abheilung der Läsionen im unte-

---

Stufenplan für die stadiengerechte Behandlung der Refluxösophagitis

Allgemeinmaßnahmen in allen Stadien

Stadium 0 – I: Prokinetika
               Metoclopramid
               Domperidon
               Cisaprid
               ± H_2-Blocker (Antazida)

Stadium I – II: H_2-Blocker (→Omeprazol)
               ± Prokinetika (bei anhaltenden Beschwerden)
               ± Sucralfat (bei schlecht heilenden Läsionen)

Stadium II – IV: Omeprazol (Langzeitprophylaxe mit H_2-Blockern?)
               ± Prokinetika
               ± Sucralfat

ren Ösophagus sollte noch über mindestens 4–8 Wochen die Behandlung fortgeführt und erst dann abgesetzt werden. In vielen Fällen muß insbesondere bei den höheren Stadien II–IV mit einem frühen Rezidiv gerechnet werden. Gegebenenfalls ist dann eine Langzeitbehandlung über mehrere Monate bis Jahre notwendig, wobei die Medikamentenwahl sich an der Schwere der Rezidive orientiert. Erfahrungsgemäß muß auch hier in den höheren Stadien III und IV Omeprazol als überlegenes Therapieprinzip beibehalten werden. Bei schlechtheilenden Läsionen kann zusätzlich Sucralfat eingesetzt werden, welches als Monotherapie den H_2-Blockern, und insbesondere dem Omeprazol in den Stadien I–IV unterlegen ist.

Magen

Reizmagensyndrom (nichtulzeröse Dyspepsie, NUD)

Das Reizmagensyndrom oder die nichtulzeröse Dyspepsie (NUD) ist klinisch definiert durch einen Symptomenkomplex mit Beschwerden, die vom oberen Gastrointestinaltrakt ausgehen, ohne daß eine organische Ursache wie eine Refluxösophagitis, ein peptisches Geschwür oder gar ein Karzinom nachweisbar sind. Neben den Schmerzen im Epigastrium oder im mittleren Oberbauch sind weitere eher unspezifische sog. dyspeptische Beschwerden typisch wie Druckgefühl im mittleren Oberbauch, Völlegefühl, nichtsaures Aufstoßen/Aerophagie, Inappetenz, vorzeitiges Sättigungsgefühl, Übelkeit, Brechreiz und Erbrechen. Außerdem können besonders bei vorherrschenden epigastrischen Beschwerden zusätzlich saures Aufstoßen, Sodbrennen und retrosternales Druckgefühl bei Refluxösophagitis geklagt werden. Zu ca. 30% leiden diese Patienten mit Reizmagensyndrom unter zusätzlichen Beschwerden, die von einer Motilitätsstörung des Dickdarmes im Sinne eines Colon irritabile ausgelöst werden und die strenggenommen nicht zum Reizmagensyndrom gehören, wie diffuse Leibschmerzen, gespannter Leib, Meteorismus, Blähungen/Flatulenz, Obstipation und Diarrhö im Wechsel, chronische Obstipation, diffuse Schmerzen und Spasmen im gesamten Abdomen, Beschwerdelinderung nach der Defäkation sowie Gefühl der inkompletten Stuhlentleerung.

Die Bedeutung des Reizmagensydroms liegt inbesondere in der ausgesprochenen Häufigkeit. Nach Schätzungen von Demling kann in der BRD davon ausgegangen werden, daß von den ca. 60 Mio. Bundesbürgern 30% an dyspeptischen Beschwerden leiden, von denen jedoch nur ca. 25%, d. h. 5 Mio., deshalb den Arzt aufsuchen. Bei diesen finden sich zu ca. 30% organische Ursachen, bei den übrigen ca. 3,5 Mio. liegt ein Reizmagensyndrom vor, evtl. kombiniert durch ein zusätzliches Colon irritabile. Es wird geschätzt, daß die Krankenkassen in der BRD ca. 6,5 Mrd. DM für ärztliche Diagnose und Therapie von dyspeptischen Beschwerden ausgeben. Eine rationale Diagnostik wie auch gezielte Therapie sind deshalb dringend erforderlich.

Klinische Klassifikation

Die Analyse der Einzelsymptome und Beschwerden bei Patienten mit Reizmagensyndrom läßt eine unterschiedlich ausgeprägte Zusammensetzung und Intensität der Beschwerden erkennen [36]. So können Patienten mit Dyspepsie vom Typ des gastroösophagialen Refluxes mit epigastrischen Schmerzen und typischen Refluxsymptomen getrennt werden von Patienten, bei denen die Beschwerden weitgehend charakterisiert sind durch rezidivierende, oft akut auftretende Spontan- und Druckschmerzen im Epigastrium und mittleren Oberbauch wie beim Ulkusschub. Von diesen 2 Gruppen läßt sich eine noch weitgehend häufigere Kategorie unterscheiden, bei denen offensichtlich die Motilitätsstörung des Magens im Vordergrund steht. Patienten mit diesen Dyspepsietyp klagen vorwiegend über uncharakteristisches Druck-, Schwere- und Völlegefühl, frühes Sättigungsgefühl, variable multiple Nahrungsmittelunverträglichkeiten, Übelkeiten, seltener Erbrechen.

Außerdem kann noch eine 4. kleinere Gruppe identifiziert werden, bei der eine Aerophagie im Vordergrund steht ohne entsprechende Erleichterung nach dem Luftaufstoßen, mit Verstärkung nach großen Mahlzeiten und Streß. Gelegentlich besteht das Vollbild eines Roemheld-Komplexes mit Herzstechen, Arrhythmien. Typisch sind auch wiederholtes Rülpsen und Völlegefühl sowie gehäuft trockenes Schlucken und Würgen.

Als 5. Gruppe läßt sich die sogenannte idiopathische oder essentielle Dyspepsie abgrenzen, von der etwa 20% der Patienten mit Reizmagensyndrom betroffen sind und deren Symptomatik sich nicht in die Kategorien 1–4 einordnen läßt. Beschwerdebild und Anamnesemuster sind untypisch und sehr variabel. Möglicherweise wird diese Form der Dyspepsie zumindestens teilweise durch eine Helicobacter-pylori-induzierte Typ-B-Gastritis verursacht.

Typisch für das Reizmagensyndrom sind gleichzeitig geklagte allgemeine vegetative Symptome mit schneller Ermüdbarkeit, Leistungsschwäche, Schlafstörung, Schwitzneigung, Hitzewallungen, Reizblase, orthostatischen Kreislaufstörungen, funktionellen Herzbeschwerden und Myogelosen. Häufig werden die abdominalen Beschwerden wie auch die vegetativen Symptome verstärkt durch psychische Streßvermehrung.

Die *diagnostische Sicherung* des Reizmagensyndroms basiert auf einem typischen Anamnese- und Beschwerdebild und dem Ausschluß einer organischen Erkrankung im Oberbauch durch Ösophagogastroduodenoskopie und Ultraschalluntersuchung. Bei zusätzlichen dickdarmbezogenen Symptomen muß noch eine Kolondiagnostik durch hohe Koloskopie bzw. Sigmoidoskopie plus Röntgenkontrasteinlauf vorgenommen werden. Die orientierenden Laboruntersuchungen sollten ebenfalls normal ausfallen (Literatur bei [37]).

Pathogenetische Faktoren als Grundlage der Therapie (Abb. 4)

Bei Patienten mit Reizmagensyndrom wurden in ca. 60% primäre Motilitätsstörungen mit antraler Hypomotilität, Magenentleerungsstörung und Störun-

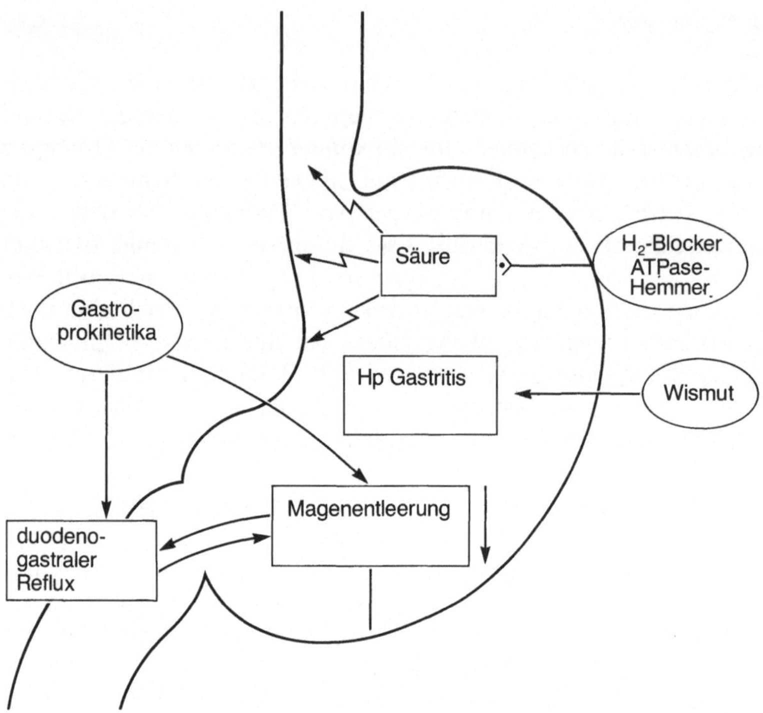

Abb. 4. Pathogenetische Faktoren beim Reizmagensyndrom als Grundlage verschiedener Therapieprinzipien

gen im Bereich des interdigestiven Motorkomplexes nachgewiesen [38, 39]. In wenigen Fällen wurde auch eine Tachygastrie nachgewiesen. Auch Abnormitäten im Motilitätsablauf des oberen Dünndarm, insbesondere des Duodenums mit duodenogastralen Refluxepisoden, wurden gehäuft bei Patienten mit Reizmagensyndrom gefunden [39]. Psychogene Faktoren und psychiatrische Abnormitäten wurden ebenfalls als Ursache für dyspeptische Beschwerden vermutet, die möglicherweise mit Ursache für die aufgeführten Motilitätsstörungen sein können.

Die Bedeutung der Magensäuresekretion für das Reizmagensyndrom ist nicht eindeutig geklärt. Da jedoch ca. 20–30% der Patienten mit diesem Syndrom nachweislich unter einer säuresupprimierenden H_2-Blockertherapie einen signifikanten Beschwerderückgang aufweisen, scheint die Säuresekretion zumindestens indirekt eine Rolle für die Beschwerdeauslösung bei einem Teil der Patienten zu spielen. In erster Linie sind bei diesen Patienten die Symptome charakterisiert durch ulkusähnliche und refluxösophagitisähnliche Beschwerden wie Schmerzen und Refluxsymptome [40–42]. Denkbar wäre, daß bei herabgesetzter Reizschwelle für die verschiedenen Rezeptoren in der Magenschleimhaut die Magensäure über diese nervösen Strukturen Störimpulse auslöst, die dann über die intramuralen Plexus durch lokalisierte Fehlinnervation der glatten Muskelzellen Schmerzen vermitteln können. Hieraus könnte sich erklären, daß auch bei normaler, sogar bei erniedrigter Magensäuresekretion bei gleichzeitig verminderter Toleranz gegenüber Magensäure Beschwerden ausgelöst werden können [43 – 45].

Inwieweit die Helicobacter-pylori-induziert chronische Typ-B-Gastritis Beschwerden auslösen kann, ist noch nicht endgültig entschieden. Möglich wäre, daß zumindestens bei einem Teil von Patienten mit essentieller Dyspepsie eine hochfloride aktive Typ-B-Gastritis mit massiver Leukozyteninfiltration Beschwerden verursachen könnte, wie dies für die akute Helicobacter-pylori-Infektion (Hp-Infektion) nachgewiesen wurde. Für diese Möglichkeiten sprechen klinische Studien, bei denen die Elimination des Hp-Keimes durch Verabreichung eines Wismutpräparates zur Beschwerdelinderung parallel zur Abnahme der gastritischen Aktivität führte [46, 47].

Therapiemöglichkeiten des Reizmagensyndroms

Allgemeine Maßnahmen

Im Vordergrund steht die sog. „Kleine Psychotherapie", d. h. ein ausgiebiges Therapiegespräch, bei der mögliche psychosoziale mitauslösende Faktoren angesprochen werden. Mit eingeschlossen wird die Aufklärung über den Hintergrund und die Ursache der Beschwerden, daß es sich um Regulationsstörungen der Funktionsabläufe im oberen Magen-Darm-Trakt handelt, wobei es ratsam ist, auch auf die negativen Untersuchungsergebnisse einzugehen. Dies stärkt das Vertrauensverhältnis und erhöht die Bereitschaft des Patienten, das Reizmagensyndrom als Funktionsstörung zu begreifen und zu akzeptieren, und erreicht so beim Patienten ein Gefühl der Mitverantwortlichkeit.

Medikamente

Allgemein gilt, daß beim Reizmagensyndrom Medikamente nicht als Langzeittherapie über Wochen und Monate, sondern unterstützend zu den Allgemeinmaßnahmen nur auf 2 – 4 Wochen befristet während der beschwerdereichen Intervalle eingesetzt werden. Die verfügbaren Präparate verfolgen in erster Linie die 2 wichtigsten Prinzipien auf dem Boden der pathogenetischen Vorstellungen wie der Motilitätsregulierung und der Säurehemmung. Hierbei sollte sich die Auswahl der Präparate nach den jeweils vordergründigen Beschwerden orientieren, d. h. bei primär motilitätsbezogener Dyspepsie werden in erster Linie Gastroprokinetika und bei ulkusähnlichen wahrscheinlich säurebedingten vordergründigen Symptome säurehemmende Medikamente, in erster Linie H_2-Blocker, eingesetzt.

Prokinetika: Zu dieser Medikamentengruppe zählen alle Pharmaka, die aufgrund einer motilitätssteigernden Wirkung auf den oberen Gastrointestinaltrakt eine günstige Wirkung auf eine durch primäre Motilitätsstörung verursachte Reizmagensymptomatik erwarten lassen.

Tabelle 6. Metoclopramid (*MCP*) bei verschiedenen Funktionsstörungen des Magens im Vergleich zu Placebo (*Plc*)

Autor	Störung	Ergebnis
Berkowitz et al. 1976 [48]	Gastroparese bei Diabetes mellitus	MCP > Plc
Davidson et al. 1977 [49]	Vagotomie	MCP > Plc
Perkel et al. 1980 [50]	Gemischt + idiopathische Dyspepsie	MCP > Plc
Rhodes et al. 1979 [51]	Funktionelle Dyspepsie	MCP (>) Plc
Saleh u. Lebwohl 1980 [52]	Anorexia nervosa	MCP > Plc

Metoclopramid: Das Präparat wirkt in erster Linie als Dopaminantagonist, hat aber auch zusätzlich einen acetylcholinliberierenden Effekt (s. Beitrag Hellenbrecht). Weiterhin besitzt diese Substanz gegenüber den anderen Gastroprokinetika einen zentralen antiemetischen Effekt. Trotz der weiten Verbreitung von Metoclopramid beim dyspeptischen Syndrom gibt es nur wenige kontrollierte Studien, in denen ein günstiger Effekt signifikant nachgewiesen wurde [50, 51] (Tabelle 6).

Domperidon: Dieses als Dopaminantagonist wirkende Medikament wurde in wenigen kontrollierten Studien im Vergleich zu Placebo oder zu Metoclopramid (MCP) getestet mit ähnlichen Ergebnissen wie MCP (Literatur s. [53]). Mit zentral nervösen Nebenwirkungen und Erhöhung des Prolaktinspiegels ist zu rechnen.

Cisaprid: Diese neuere Substanz, die vorwiegend eine acetylcholinliberierende Wirkung im Plexus-myentericus-Bereich hat, zeigte in den bisher durchgeführten klinischen Studien eine signifikante Wirksamkeit gegenüber einer Placebobehandlung, die sich insbesondere auf die Abnahme der Einzelsymptome Schmerz, frühes Sättigungsgefühl, Völle- und Druckgefühl erstreckte [54–60] (s. auch Abb. 5).

Antazida: Obwohl Antazida die am häufigsten verschriebene Medikamentenklasse beim Reizmagensyndrom darstellt, fehlen bisher eindeutige kontrollierte Studien, die einen günstigen Effekt nachgewiesen hätten. Vergleichstudien gegenüber H_2-Blockern weisen eine Unterlegenheit der Antazida auf.

Pirenzepin: Zur Wirksamkeit von Pirenzepin beim Reizmagensyndrom im Vergleich zur Placebobehandlung liegen keine publizierten Studien vor, dagegen zeigen Vergleiche zum H_2-Blocker Cimetidin eine schwächere Wirkung für Pirenzepin gegenüber dem H_2-Blocker in 3 kontrollierten Studien [61, 64, 65].

H_2-Rezeptorantagonisten (Tabelle 7): Der klinische Nutzen einer Behandlung des Reizmagensyndroms mit H_2-Blockern wurde in zahlreichen klinisch kon-

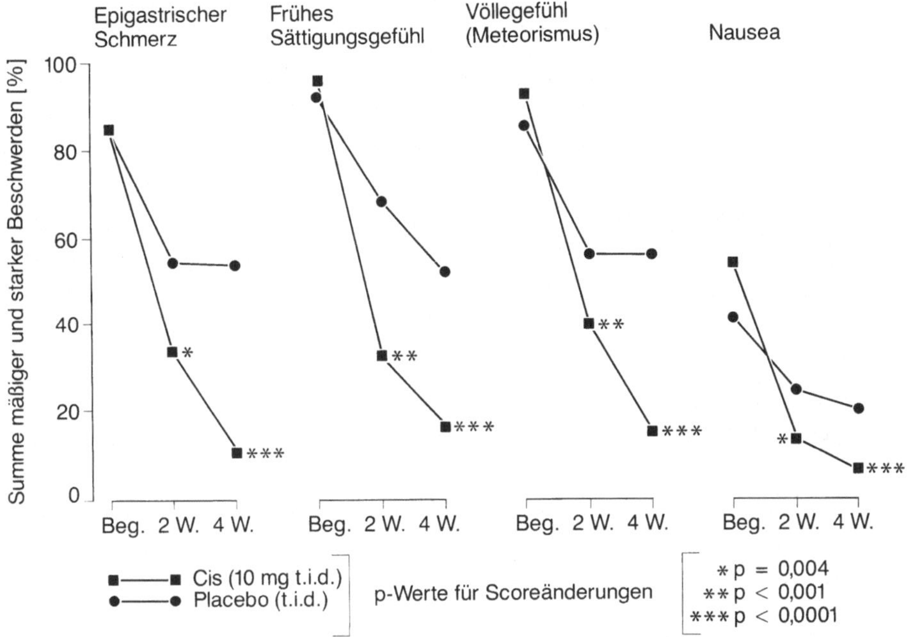

Abb. 5. Wirkung von Cisaprid (*Cis*) auf die Einzelsymptome beim Reizmagensyndrom. (Aus Rösch et al. [60])

trollierten prospektiven Studien untersucht. Die uneinheitlichen widersprüchlichen Studienergebnisse sind hierbei sehr wahrscheinlich auf uneinheitliche Patientenkollektive zurückzuführen bei oft kleiner Fallzahl und relativ hohen Placebobesserungsraten. Eine genaue Analyse zeigt, daß die für diese Indikation getesteten H_2-Blocker Cimetidin und Ranitidin immer dann besonders gut wirksam sind, wenn das Kollektiv vorwiegend aus Patienten besteht, bei denen säurebedingte Beschwerden wie Refluxsymptome und epigastrische Schmerzen im Vordergrund stehen. Hieraus wurde eine Untergruppe von Patienten mit säurevermittelten Reizmagensyndrom abgeleitet [62–65, 67–71]. Andererseits wurden auch 3 gut kontrollierte Studien publiziert [72–74], in denen kein signifikanter Effekt des H_2-Blockers Cimetidin auf die Symptomatik der nichtulzerösen Dyspepsie gefunden wurde. Dies ist möglicherweise in erster Linie auf die Auswahl der Patienten mit vorwiegendem Anteil an primär motilitätsbedingter Dyspepsie zurückzuführen.

Wismutpräparate: Die pathogenetisch noch nicht eindeutig geklärte Frage, inwieweit die helicobacterassoziierte (Hp-assoziierte) chronische Typ-B-Gastritis zumindestens eine Mittlerrolle in der Auslösung eines dyspeptischen Syndrom spielen könnte, war der Ausgangspunkt für verschiedene Studien zur Wirksamkeit einer Hp-eliminierenden Wismutbehandlung beim Reizmagensyndrom. Die bisher publizierten Ergebnisse sind uneinheitlich (s. Tabelle 8), so daß wei-

Tabelle 7. Studienergebnisse zur Behandlung des Reizmagensyndroms mit den H_2-Blockern Cimetidin und Ranitidin im Vergleich zu Placebo, Antazida oder Pirenzepin

Autor	n	H_2-Blocker (Dosis)	Vergleichssubstanz	H_2-Blocker Signifikanz (Besserung)
		Cimetidin		
De Lattre et al. 1985 [79]	414	800 mg	Placebo	+ +
Panijels 1985 [62]	60	800 mg	Antazida	+ +
Casiraghi et al. 1986 [63]	104	800 mg	Antazida	+ +
Talley et al. 1986 [65]	62	800 mg	Pirenzepin/	+
			Placebo	+
Gotthardt et al. 1988 [64]	222	800 mg	Antazida/	+
			Placebo	+
Lance et al. 1981 [74]	60	1000 mg	Placebo	−
Kelbaeck et al. 1985 [73]	50	1000 mg	Placebo	−
Nyren et al. 1986 [72]	159	800 mg	Antazida/	−
			Placebo	−
		Ranitidin		
Saunders et al. 1986 [71]	496	300 mg	Placebo	+

Tabelle 8. Studienergebnisse zur Behandlung des Reizmagensyndroms mit Wismutsubcitrat (*CBS*) bei Helicobacter-pylori-positiver B-Gastritis

Autor	n	Ergebnis *CBS* vs. Placebo	Signifikanz
McNulty et al. 1986 [75]	50	Trend	−
Lambert et al. 1987 [76]	54	Schmerzlinderung	+
Borody et al. 1987 [77]	43	Schmerzlinderung	+
Rokkas et al. 1988 [78]	52	Dyspepsie gebessert	+
Glupczynski et al. 1988 [80]	45	Amoxycillin vs. Placebo	−
Loffeld et al. 1989 [79]	50	Kein Unterschied	−

tere großangelegte gut kontrollierte Studien zu dieser Fragestellung notwendig sind. Möglicherweise existiert ähnlich der Untergruppe einer säurebedingten Dyspepsie eine weitere, wahrscheinlich kleinere Untergruppe, bei der das Beschwerdebild durch eine aktive Hp-vermittelte chronische Typ-B-Gastritis verursacht ist, deren Definition in weiteren Studien vorgenommen werden müßte.

Praktisches Vorgehen beim Reizmagensyndrom (NUD)

Nach Diagnosesicherung erfolgt zunächst ein ausgiebiges Therapiegespräch, wobei auch psychosoziale Faktoren angesprochen werden. Je nach vordergründiger Symptomatik sollte dann eine Differentialtherapie eingeleitet werden:

Handelt es sich eher um ein Reizmagensyndrom von primären Dysmotilitäts-typ (über 60%), so sind die Gastroprokinetika Medikamente der ersten Wahl wie Metoclopramid, Domperidon oder Cisaprid. Inwieweit Cisaprid den her-kömmlichen Prokinetika, insbesondere dem Metoclopramid, überlegen ist, wurde zur Zeit noch nicht ausreichend vergleichend studiert. Bei anhaltender Übelkeit bietet sich Metoclopramid insbesondere wegen des zusätzlichen zen-tralen antiemetischen Effektes an.

Herrschen eher ulkusähnliche Symptome vor, evtl. begleitet von typischen Refluxsymptomen, sind H_2-Blocker in relativ niedriger Dosierung angezeigt mit einer Therapiedauer über 3–4 Wochen. Antazida können zusätzlich zur akuten Beschwerdelinderung auf Bedarf zugesetzt werden. Kommt es hier-durch nicht zum gewünschten Erfolg oder werden die Symptome nur partiell gebessert, so sollte auf Prokinetika umgesetzt bzw. Prokinetika zugesetzt wer-den. Bei Nichtansprechen dieser Therapiemöglichkeiten und bei Vorliegen einer aktiven Helicobacter-positiven chronischen Gastritis sollten Wismutprä-parate über 3–4 Wochen versucht werden.

Stufenplan für die Behandlung des Reizmagensyndroms (Non-ulcer-Dyspepsie)

Dysmotilitätstyp (über 60%)
- Metoclopramid (besonders bei Übelkeit/Erbrechen)
- Cisaprid
- Domperidon

Ulkus-/Refluxtyp (ca. 20%)
- H_2-Blocker (niedrig dosiert, 3–4 Wochen)
- Antazida
- ± Prokinetika

Bei Nichtansprechen und Hp-positiver Gastritis
- Wismutpräparate

Die medikamentöse Therapiedauer sollte sich maximal über 4 Wochen er-strecken und kann bei Rezidiven wiederholt werden. Eine wirksame medika-mentöse Langzeitprophylaxe ist bis heute nicht bekannt.

Diabetische Gastroparese

Bei Patienten mit insulinabhängigem Diabetes mellitus finden sich im Rahmen einer autonomen Neuropathie gelegentlich Magenentleerungsstörungen, die als diabetische Gastroparese bezeichnet werden. Die Häufigkeit wird in der Li-teratur mit 17–40% angegeben [81]. Oft ist die Entleerungsstörung erst unter bestimmten Belastungsbedingungen wie Streßsituationen, hyperglykämische

Stoffwechselentgleisung und Einnahme von voluminösen Speisen nachweisbar. Das klinische Bild der Gastroparese kann auch klinisch apparent werden während der Verabreichung von Psychopharmaka, Analgetika, Hypnotika, Anticholinergika oder β-Blocker.

Es ist durch Völlegefühl, Übelkeit und Druckschmerz im Oberbauch und postprandiales Erbrechen charakterisiert. In fortgeschrittenen Stadien können Entleerungsstörungen des Magens zu schwallartigen Brechattacken mit ketoazidotischer Stoffwechselentgleisung führen. Auch Unterzuckerungszustände sind wegen inadäquater Kohlenhydratresorption durch die Entleerungsstörung typisch.

Die Diagnosesicherung gelingt durch die Manometrie, durch Magenszintigraphie oder auch durch sonographische Verfahren. Auch die einfache Röntgen-Magen-Darm-Passage kann Hinweise, jedoch keine Beweise geben [82]. Gleichzeitig zu den Magenentleerungsstörungen sind Dickdarmfunktionsstörungen bei vielen Patienten nachweisbar, die sich in erster Linie in einer chronischen Obstipation durch verminderte propulsive Motilität im Dickdarm äußern [82]. Diarrhöattacken sind sehr wahrscheinlich auf eine bakterielle Überbesiedelung im Dünndarm durch Verminderung des interdigestiven motorischen Motorkomplexes (IMC) mit Stase und bakterieller Überbesiedlung zurückzuführen [82].

Behandlungsmöglichkeiten (Tabelle 9)

Eine Kausaltherapie der diabetischen autonomen Neuropathie ist nicht möglich, abgesehen von einer optimalen Stoffwechseleinstellung. In der Regel kann jedoch eine vollständige Rückbildung nicht erzielt werden. Somit ist die Behandlung weitgehend auf symptomatische Maßnahmen beschränkt. Diätetisch ist eine kalorienreiche, bevorzugt breiige Kost mit leicht resorbierbaren Kohlenhydraten unter Berücksichtigung der diabetischen Stoffwechsellage zu empfehlen, verabreicht in kleinen häufigen Portionen. Vor den Mahlzeiten werden *Gastroprokinetika* verabreicht. Zahlreiche Studien weisen darauf hin, daß besonders mit Metoclopramid günstige symptomatische Effekte erreicht werden können. Auch dem Dopaminantagonisten Domperidon wurden bei dieser Indikation günstige Effekte zugeschrieben. Inwieweit das neue Prokinetikum Cisaprid mit nachgewiesener Wirkung bei dem Syndrom der diabetischen Gastroparese den herkömmlichen Dopaminantagonisten überlegen ist, muß noch in weiteren Studien geklärt werden. Trotz aller anfänglicher Erfolge bleibt jedoch das Problem, daß eine fortschreitende diabetische Gastroparese in vielen Fällen mit ihren vielfältigen klinischen Folgeerscheinungen therapeutisch häufig nicht befriedigend beherrschbar ist.

In einigen Fällen wurde ein günstiger Effekt des als Motilid wirkenden Erythromycins berichtet. Eine Langzeitbehandlung mit diesem Antibiotikum ist jedoch nicht möglich [83]. Möglicherweise werden in Zukunft andere als Motilid wirkende nicht direkt antibiotisch wirksame Substanzen entwickelt.

Tabelle 9. Klinische Studien zur Wirksamkeit von Metoclopramid (*MCP*) und Cisaprid (*Cis*) bei diabetischer Gastroparese im Vergleich zu Placebo (*Plc*)

Autor	n	MCP-Dosis	Wirkung auf die Symptome	Wirkung auf die Magenentleerung
Berkowitz et al. 1976 [48]	4	40 mg p.o.	Gebessert	MCP > Plc
Millar et al. 1980 [84]	6	? p.o.	Gebessert	MCP > Plc
Perkel et al. 1980 [50]	5	40 mg p.o.	MCP = Plc	−
Snape et al. 1982 [85]	10	40 mg p.o.	Gebessert	MCP > Plc
Behar et al. [24]	40	40 mg p.o.	MCP = Plc	−
Corinaldesi et al. 1987 [86]	16	MCP 3·10 mg p.o. vs. Cis 3·10 mg p.o.	MCP = Cis	MCP = Cis

Idiopathische intestinale Pseudoobstruktion

Dieses Krankheitsbild ist durch Störungen der propulsiven Aktivität besonders im Intestinum mit lebensbedrohlichen Ileuszuständen charakterisiert. Aber auch im Ösophagusbereich wie auch im Magen lassen sich Motilitätsveränderungen manometrisch nachweisen, ohne daß diese klinisch im Vordergrund stehen. Hierbei lassen sich verschiedene Typen unterscheiden. Bei der myopathischen Form werden schwache Kontraktionen im tubulären Ösophagus und Magen nachgewiesen, wohingegen die häufigere neurogene Form durch simultane verstärkte Kontraktionen ohne entsprechende propulsive Aktivität charakterisiert ist. Die klinische Symptomatik ist beherrscht von rezidivierenden Anfällen eines gespannten Leibes, gepaart mit schweren Abdominalschmerzen und Gewichtsverlust. Auch Übelkeit und Erbrechen sind typisch. Eine intermittierend auftretende Diarrhö ist sehr wahrscheinlich durch bakterielle Überbesiedlung im Dünndarm bedingt. Häufiger ist jedoch eine Obstipation mit Nachweis eines Megakolons [87].

Behandlungsmöglichkeiten

Die Behandlung ist schwierig und zielt auf die Linderung der verschiedenen Symptome hin. Bethanechol, Metoclopramid und Domperidon haben bisher keine überzeugenden Effekte gezeigt. Dagegen liegen weltweit zahlreiche Einzelberichte oder kleine Serien in der Zwischenzeit vor, in denen eine günstige Wirkung von Cisaprid auch in der Langzeitbehandlung nachgewiesen wurde.

In einigen Fällen kommt es jedoch zur Tachyphylaxie mit nachlassender Wirkung und Notwendigkeit der Dosissteigerung, andere Fälle sprechen primär auch unbefriedigend an. In jedem Fall sollte jedoch heute bei Nachweis einer idiopathischen intestinalen Pseudoobstruktion ein Behandlungsversuch mit diesem Medikament vorgenommen werden [87].

Literatur

1. Wienbeck M, Berges W (1987) Motilitätsstörungen des Oesophagus. In: Koelz HR, Aerberhard P (Hrsg) Gastroenterologische Pathophysiologie. Springer, Berlin Heidelberg New York Tokyo, S 75–90
2. Koelz HR (1984) Refluxkrankheit der Speiseröhre – Konservative Therapie. In: Goebell H, Hotz J, Farthmann EH (Hrsg) Der chronisch Kranke in der Gastroenterologie. Springer, Berlin Heidelberg New York Tokyo, S 148–174
3. McCallum RW (1985) Recent advances in the medical therapy of gastroesophageal reflux. In: De Meester TR, Skinner DB (eds) Esophageal disorders. Pathophysiology and therapy. Raven, New York, pp 143–147
4. Harvey RF, Hadley N, Gill TR et al. (1987) Effects of sleeping with the bedhead raised and of ranitidine in patients with severe peptic oesophagitis. Lancet II:1200
5. Meyer E, Berenzweig H, McCallum RW et a. (1979) Controlled trial of antacida versus placebo on relief of heartburn. Gastroenterology 76:1201
6. Furmann DR, Mensh G, McCallum RW et al. (1982) A double-blind trial comparing high dose liquid antacid to placebo and cimetidine in improving symptoms and objective parameters in gastroesophageal reflux. Gastroenterology 82:1062
7. Graham DY, Patterson DJ (1982) Double-blind comparison of liquid antacid and placebo in reflux esophagitis. Gastroenterology 82:1072
8. Lepsien G, Sonnenberg A, Berges W et al. (1979) Die Behandlung der Refluxoesophagitis mit Cimetidin. Dtsch Med Wochenschr 104:901
9. Wesdorp ICE, Bartelsman J, Pape K et al. (1978) Oral cimetidine in reflux oesophagitis: a double-blind controlled trial. Gastroenterology 74:821
10. Ferguson R, Dronfield MW, Atkinson M (1979) Cimetidine in treatment of reflux oesophagitis with peptic structure. Br Med J II:472
11. McCallum RW, Eshelman F, Nardi R (1986) A double-blind multicenter trial compare the efficacy of ranitidine and placebo in the shortterm treatment of chronic gastroesophageal reflux disease. Gastroenterology 86:1179
12. Grove O, Bekker C, Jeppe-Hansen MG et al. (1985) Ranitidine and high-dose antacid in reflux oesophagitis. Scand J Gastroenterol 20:457
13. Wesdorp ICE, Dekker W, Klinkenberg-Knol EC (1983) Treatment of reflux oesophagitis with ranitidine. Gut 24:921
14. Fielding JF, Doyle GD (1984) Comparison between ranitidine and cimetidine in the treatment of reflux esophagitis. Ir Med J 77:356
15. Kimming JM (1984) Cimetidine and ranitidine in the treatment of reflux esophagitis. Z Gastroenterol 22:373
16. Hetzel DJ, Dent J, Reed WD et al. (1988) Healing and relapse of severe peptic esophagitis after treatment with omeprazole. Gastroenterology 95:903
17. Vantrappen G, Rutgeerts L, Schurmans P et al. (1988) Omeprazole (40 mg) is superior to ranitidine in short-term treatment of ulcerative reflux esophagitis. Dig Dis Sci 33:523
18. Lundell L, Westin IH, Sandmark S et al. (1989) Omeprazole or high dose ranitidine in the treatment of patients with reflux esophagitis not responding to standard doses of H_2-receptor antagonists. Scand J Gastroenterol [Suppl 159] 24:73

19. Sandmark S, Carlsson R, Fausa O et al. (1988) Omeprazole or ranitidine in the treatment of reflux esophagitis. Scand J Gastroenterol 23:625
20. Carling L, Cronstedt J, Engqvist A et al. (1988) Sucralfate vs placebo in reflux esophagitis. Scand J Gastroenterol 23:1117
21. Weiss W, Brunner H, Büttner GR et al. (1983) Therapie der Refluxösophagitis mit Sucralfat. Dtsch Med Wochenschr 108:1706
22. Kilbinger H, Weihrauch TR (1984) Pharmakologie motilitätswirksamer Medikamente. In: Wienbeck M, Siewert JR (Hrsg) Therapie gastrointestinaler Motilitätsstörungen. Edition Medizin, Basel, S 1
23. Schulze-Delrieu K (1979) Metoclopramide. Gastroenterology 77:768
24. Harrington RA, Hamilton CW, Brogden RN et al. (1983) Metoclopramide: An update revieu of its pharmacological properties and clinical use. Drugs 25:451–494
25. Gilbert RJ, Dodds WJ, Kahrilas PJ et al. (1987) Effect of cisapride, a new prokinetic agent, on esophageal motor function. Dig Dis Sci 32:1331–1336
26. Wienbeck M, Cruder-Wiesinger E, Berges W (1986) Coparative study of cisapride's vs metoclopramide's effect on esophageal motility. Digestion 34:141
27. Janisch HD (1990) Cisaprid vs Ranitidin bei Refluxoesophagitis. Z Gastroenterol [Suppl 1] 28:67–69
28. Grill BB, Hillemeier AC, Semeraro LA (1985) Effect of domperidone therapy on symptoms and upper gastrointestinal motility in infants with gastrooesophageal reflux. J Pediatr 106:311–316
29. Bright-Assare P, El-Bassoussi M (1980) Cimetidine, metoclopramide or placebo in the treatment of symptomatic gastroesophageal reflux. J Clin Gastroenterol 2:149–156
30. Guslandi M, Testoni PA, Passaretti S et al. (1983) Renitidine vs metoclopramide in the medical treatment of reflux esophagitis. Hepatogastroenterology 30:96
31. Janisch HD, Hüttemann W, Bouzo MH (1988) Cisapride vs ranitidine in the treatment of reflux esophagitis. Hepatogastroenterology 35:125
32. Lepoutre L, Vanderlinden I, Bollen G et al. (1987) Controlled study of cisapride in the treatment of grade II and III oesophagitis. Gastroenterology 92:1501
33. Galmiche JP, Brandstätter G, Evreux M et al. (1988) Combined therapy with cisapride and cimetidine in severe reflux oesophagitis: a double blind controlled trial. Gut 29:675
34. Creutzfeldt W, Lamberts R, Stockmann F et al. (1989) Quantitative studies of endocrine cells in patients receiving long-term treatment with omeprazole. Scand J Gastroenterol [Suppl 166] 24:122–128
35. Hotz J: Das Reizmagensyndrom. Perimed, Frankfurt am Main
36. Colin-Jones DG (1988) Management of dyspepsia: Report of a working party. Lancet I:576–579
37. Hotz J, Rösch W (Hrsg) (1987) Funktionsstörungen des Verdauungstraktes. Springer, Berlin Heidelberg New York Tokyo, S 5–16
38. Labò G, Bortolotti M, Vezzadini P et al. (1986) Gastroenterology 90:20–26
39. Malagelada JR, Stanghellini V (1985) Manometric evaluation of functional upper gut symptoms. Gastroenterology 88:1223–1231
40. Nyren O et al. (1986) Does an increased gastric acid production cause epigastric pain in non-ulcer dyspepsia? Scand J Gastroenterol [Suppl 120] 21:54
41. Petersen H et al. (1987] The response to cimetidine and gastric acid secretion in non-ulcer dyspepsia. Hepatogastroenterology 34:41
42. Graham DY et al. (1987) Sensitivity of the esophageal mucosa to pH in gastroesophageal reflux. Gastroenterology 92, 5/2:1312
43. Nyren O (1988) Non-ulcer dyspepsia: A candidate of motility disorders. Motility, Issue 3:4–10
44. Brooks FP (1978) The pathophysiology of common gastrointestinal symptoms. Oxford Univ Press, New York
45. Texter EC (1987) Ulcer pain mechanisms. Scand J Gastroenterol [Suppl 134] 22:1–20

46. Shallcross TM, Rathbone BJ, Heatley RV (1989) Campylobacter pylori and non-ulcer dyspepsia. In: Rathbone BJ, Heatley RV (eds) Campylobacter pylori and gastroduodenal disease. Blackwell, Oxford, pp 155–166
47. Rösch W (1990) Abdominelle Beschwerden – funktionell oder organisch? programmed 3:21–27
48. Berkowitz DM, Metzger WH, Sturdevant RAL (1976) Oral metoclopramide in diabetic gastroparesis and in chronic gastric retention after gastric surgery. Gastroenterology 70:863
49. Davidson ED, Hersh T, Ilaun C, Brooks WS (1977) Use of metoclopramide in patients with delayed gastric emptying following gastric surgery. Am Surg 41 1:40–44
50. Perkel MS, Hersh T, Moore C, Davidson EO (1980) Metoclopramide therapy in fifty-five patients with delayed gastric emptying. Am J Gastroenterol 74:231–236
51. Rhodes JB, Robinson RG, McBride N (1979) Sudden onset of slow gastric emptying of food. Gastroenterology 77:569–571
52. Saleh JW, Lebwohl P (1980) Metoclopramide-induced gastric emptying in patients with anorexia nervosa. Am J Gastroenterol 742:127–132
53. Kurtz W (1985) Die Therapie des dyspeptischen Symptomenkomplexes. Therapiewoche 35:5413–5420
54. Rösch W (1990) Abdominelle Beschwerden – funktionell oder organisch? programmed 3:21–27
55. Johnson AG, Lux G (1988) Progress in the treatment of gastrointestinal motility disorders: The roll of cisapride. Exerpta Medica, Amsterdam Hongkong Manila Pinceton Sidney Tokyo
56. De Nutte N, Van Ganse W, Witterhulghe M et al. (1989) Relief of epigastric pain in nonulcer dyspepsia: Controlled trial of the promotility drug cisapride. Clin Ther 11(1)
57. Hannon R (1987) Efficacy of cisapride in patients with nonulcer dyspepsia. Curr Ther Res 42(5)
58. Francois I, De Nutte N (1987) Nonulcer dyspepsia: Effect of the gastrointestinal prokinetic drug cisapride. Curr Ther Res 41(6)
59. Deruyttere M et al. (1987) Therapy of chronic functional dyspepsia: multicentre cross-over study of cisapride and placebo. Progr Med [Suppl 1] 45:61–68
60. Rösch W (1987) Cisapride in non-ulcer dyspepsia. Scand J Gastroenterol 22:161–164
61. Weberg R, Berstad A (1987) Low-dose antacids and pirenzepine in the treatment of patients with non-ulcer dyspepsia and erosive prepyloric changes. Scand J Gastroenterol 23:237–242
62. Panijel M (1985) Die Behandlung der nicht-ulcerösen Dyspepsie. ZFA 61:952–955
63. Casiraghi A, Ferrara A, Lesinigo et al. (1986) Cimetidine vs. antacids in non-ulcer dyspepsia. Curr Ther Res 39:388–397
64. Gotthard R, Bodemar G, Brodin U et al. (1988) Treatment with cimetidine, antacid or placebo in patients with dyspepsia of unknown origin. Scand J Gastroenterol 23:7–18
65. Talley N, McNeil D, Hayden A et al. (1986) Randomized, double-blind, placebo-controlled cross-over trial of cimetidine and pirenzepine in non-ulcer dyspepsia. Gastroenterology 91:149–156
66. Fedeli G, Anti M, Rapaccini G et al. (1983) Pirenzepine vs. cimetidine in non-ulcer associated gastritis and duodenitis. Clin Trials J 20:104–114
67. Petersen H, Fjøsne U, Johannessen T et al. (1989) Clinical significance of upper abdominal symptoms. Scand J Gastroenterol [Suppl 109] 20:19–22
68. Petersen H, Løge J, Johannessen T (1987) Therapeutic response as a diagnostic tool. Scand J Gastroenterol [Suppl 128] 22:108–112
69. Johannessen T, Fjøsne U, Kleveland N (1988) Cimetidine responders in non-ulcer dyspepsia. Scand J Gastroenterol 23:327–336
70. Delattre M, Malesky M, Primzic A (1985) Symptomatic treatment of non-ulcer dyspepsia with cimetidine. Curr Ther Res 37:980–991

71. Saunders JHB, Oliver RJ, Higson DL (1986) Dyspepsia: Incidence of non-ulcer disease in a controlled trial of ranitidine in general practice. Br Med J 292:665–668
72. Nyren O, Adami H-O, Bates S et al. (1986) Absence of therapeutic benefit from antacids of cimetidine in non-ulcer dyspepsia. N Engl J Med 314:339
73. Kelbaeck H, Linde J, Eriksen J et al. (1985) Controlled clinical trial of treatment with cimetidine in non-ulcer dyspepsia. Acta Med Scand 217:281–287
74. Lance P, Filipe MI, Schiller KFR et al. (1981) Cimetidine for non-ulcer dyspepsia. Gastroenterology 80, 5/2:1203
75. McNulty CAM, Gearty JC, Crump B et al. (1986) Campylobacter pyloridis and associated gastritis: investigator blind, placebo controlled trial of bismuth salicylate and erythromycin ethylsuccinate. Br Med J 293:645–649
76. Lambert JR, Borromeo M, Korman MG et al. (1987) Role of campylobacter pyloridis in non-ulcer dyspepsia – arandomized controlled study. Gastroenterology 92, 5/2:1488
77. Borody T, Hennessy W, Daskalopoulos G et al. (1987) Double blind trial of DeNol in nonulcer dyspepsia associated with campylobacter pyloridis gastritis. Gastroenterology 92, 5/2:1324
78. Rokkas T, Pursey C, Uzoechina E et al. (1988) Non-ulcer dyspepsia short term DeNol therapy: a placebo controlled trial with particular references to the role of campylobacter pylori. Gut 29:1386–1391
79. Loffeld RJLF, Potters HVJP, Stobberingh E et al. (1989) Campylobacter associated gastritis in patients with non-ulcer dyspepsia: a double-blind placebo controlled trial with colloidal bismuth subcitrate. Gut 30:1206–1212
80. Glupczyski Y, Burete A, Labbe M et al. (1988) Campylobacter pyloriassociated gastritis: a double blind placebo controlled trial with amoxycillin. Am J Gastroenterol 83:365–372
81. Vogelberg KH (1988) Magenentleerungsstörungen bei diabetischer Gastroparese. Dtsch Med Wochenschr 113:988–991
82. Lux G (1989) Gastrointestinale Motilitätsstörungen-Diabetes mellitus. Leber Magen Darm 2:84–93
83. Haslbeck M (1990) Behandlung der diabetischen Gastroparese. Z Gastroenterol [Suppl 1] 28:39–42
84. Millar JW, Heading RC, Campell IW et al. (1980) Metoclopramide in diabetic gastric atony. Scott Med J 25:176
85. Snape WJ, Battle WM, Schwartz SS et al. (1982) Metoclopramide to treat gastroparesis due to diabetes mellitus. A double-blind, controlled trial. Ann Intern Med 96:444–446
86. Corinaldesi R, Raiti C, Stanghenelli V et al. (1987) Comperative effects of oral cisapride and metoclopramide on gastric emptying of solids and symptoms in patients with functional dyspepsia and gastroparesis. Curr Ther Res 42:428–435
87. Reyntjens A, Verlinden M, Schuermans V (1990) Cisapride in the treatment of chronic intestinal pseudo-obstruction. Z Gastroenterol [Suppl 1] 28:79–84

Diskussion

Janssens:
Ich habe immer Schwierigkeiten mit der Unterscheidung der Subtypen einer Non-ulcer-Dyspepsie. Können Sie mir den Unterschied erklären zwischen refluxähnlicher Dyspepsie und einer Refluxösophagitits?

Hotz:
Grundsätzlich gebe ich Ihnen recht, daß ein nachgewiesener pathologischer gastroösophagialer Reflux zu dem Formenkreis der Refluxkrankheit der Speiseröhre und nicht unbedingt zu dem des Reizmagensyndroms gezählt werden sollte. Vom praktischen Gesichtspunkt aus läßt sich dies jedoch nicht immer unterscheiden, da man nicht bei jedem Patienten eine Langzeit-pH-Metrie vornehmen kann. Ich meine immer dann, wenn Patienten über Schmerzen im Epigastrium und Refluxsymptome klagen und keine eindeutige Refluxkrankheit der Speiseröhre nachweisbar ist, d. h. keine Erosionen im distalen Oesophagus und keine ausgeprägte Kardiainsuffizienz mit oder ohne Hiatushernie, daß dann von einem säurebedingten Typ des Reizmagensyndroms ausgegangen werden kann, weshalb dann aus therapeutisch-praktischen Überlegungen heraus eine H_2-Blockerbehandlung angezeigt erscheint. Es wurde vor kurzem auch gezeigt, daß eine Triggerzone am gastroösophagealen Übergang besteht, die über Säure angeregt epigastrische Schmerzen und Sodbrennen verursachen kann. Hierfür ist meines Erachtens nicht zwangsläufig ein gesteigerter gastroösophagealer Reflux notwendig.

Teilnehmer:
Wie lange muß man Patienten mit einem Reizmagensyndrom medikamentös behandeln?

Hotz:
Dies ist eine wichtigte Frage. Meines Erachtens gibt es keine Indikation für eine Langzeittherapie, da bisher eine medikamentöse Prophylaxe des Reizmagensyndroms weder untersucht noch nachgewiesen wurde. Meines Erachtens sollten Medikamente symptomenorientiert eingesetzt werden, wobei die Einnahmedauer ca. 1 – 2 Wochen länger als der Beschwerderückgang fortgeführt wer-

den sollte. Spricht der Patient dagegen innerhalb von 14 Tagen nicht auf die Behandlung an, so sollte diese abgesetzt bzw. umgesetzt werden auf ein anderes therapeutisches Prinzip. Insgesamt sollte eine medikamentöse Behandlung des Reizmagensyndroms meines Erachtens in der Regel 4 Wochen nicht überschreiten.

Teilnehmer:

Meines Erachtens leidet eine Großzahl von Patienten mit Reizmagensyndrom an einer bakteriellen Überbesiedlung des Dünndarms. Dies könnte die Erklärung sein für einen günstigen Effekt von Wismutpräparaten, besonders bei solchen Patienten, bei denen Campylobacter jejuni (nicht Helicobacter pylori) nachweisbar ist. Sollte man in solchen Fällen nicht den H_2-Atemtest durchführen?

Hotz:

Ich sprach über die Diagnosesicherung des Reizmagensyndroms. Hierbei muß, wie Sie richtig sagen, eine bakterielle Überbesiedlung des Dünndarms als Ursache des peptischen Syndroms ausgeschlossen werden. Dieser Test ist bei entsprechendem klinischem Verdacht somit Bestandteil der Ausschlußdiagnostik. Wird eine bakterielle Überbesiedlung nachgewiesen, so liegt meines Erachtens kein Reizmagensyndrom vor, sondern eben ein dyspeptisches Syndrom, welches durch eine bakterielle Überbesiedlung verursacht wird. Dies ist auch der Grund, daß ich den Begriff der Non-ulcus-Dyspepsie für fragwürdig halte, da z. B. in diesem Fall kein Ulkus vorliegt, sondern die Dyspepsie durch einen pathologischen Prozeß, nämlich eine bakterielle Überbesiedlung, verursacht wird. Wird eine bakterielle Überbesiedlung nachgewiesen, so muß selbstverständlich nach der Ursache gefahndet werden.

Janssens:

Meines Erachtes gibt es keine harten Daten in der Literatur dafür, daß die Refluxösophagitis im Stadium I und II progredient ist und in die Stadien III und IV übergeht, sondern sie bleibt gewöhnlich in diesen Stadien I–II. Ich glaube deshalb, daß im Stadium II kein großes Risiko für die Entwicklung einer Kardiastriktur besteht, weshalb wir meines Erachtens eher die Symptome und weniger die Schleimhautläsionen behandeln sollten.

Hotz:

Meines Erachtens sind die Studien nicht ausreichend, die einen Übergang vom Stadium II in das Stadium III und IV einer Ösophagitis ausschließen. Aus diesem Grunde erscheint es mir wichtig, daß wir eine Refluxösophagitis unabhängig von der Stadieneinteilung möglichst neben dem Rückgang der Symptome heilen.

Janssens:

Ich glaube, daß hierdurch die Patienten überbehandelt werden. Wenn sie die Behandlung beenden, so wird das Rezidiv wieder in dieses Stadium zurückkehren, welches vor der Behandlung bestand, ohne weitere Progression. Deshalb glaube ich nicht an das von Ihnen angesprochene Risiko einer Verschlechterung der endoskopischen morphologischen Veränderung ohne entsprechende Symptome.

Hotz:

Ich stimme Ihnen zu, daß die Refluxbeschwerden das hauptsächliche Ziel einer Behandlung einer Refluxösophagitis darstellen. Das Problem stellt sich in erster Linie dadurch, daß nach Absetzen einer effektiven Therapie, in der Regel mit Omeprazol, besonders ab dem Stadium II die Beschwerden wieder schnell einsetzen, weshalb dann doch eine anhaltende medikamentöse Behandlung mit diesem Medikament notwendig ist, zumal eine effektive Langzeitbehandlung mit einem H_2-Blocker bisher nicht nachgewiesen wurde, zumindestens in den Dosen, die versucht wurden, d. h. maximal 2mal 150 mg Ranitidin. Die Frage der effektiven Langzeitbehandlung und ihrer Dauer muß jedoch noch in weiteren Studien abgeklärt werden.

Behandlung von Motilitätsstörungen des Magens mit Prokinetika

P. KNOFLACH

Über lange Zeit war die pathophysiologische Forschung am Magen auf die Säureproduktion und – ganz allgemein – auf die Verdauungsfunktion dieses Organs gerichtet. Diese einseitige Ausrichtung wurde noch gefördert durch die Entwicklung von Therapieformen mit klarer Wirkung auf die Magensäureproduktion und großer klinischer Effektivität auf die Geschwürskrankheit, seien es chirurgisch die Operation nach Billroth II oder die Vagotomie bzw. medikamentös die H_2-Blocker. Die entscheidenden Fortschritte im Verständnis der gastrointestinalen Motilität erfolgten erst wesentlich später; die motorische Funktion des Magens ist jedoch heute gut definiert, und es stehen diagnostische Methoden wie Manometrie, Szintigraphie und Ultraschall zur Verfügung, um Magenentleerungsstörungen zu erfassen (Abb. 1).

Die Symptome einer verzögerten Magenentleerung gehören zu den häufigsten, welche von Patienten einer gastroenterologischen Ordination angegeben werden:

- Übelkeit,
- Erbrechen,
- Blähungen,
- Völlegefühl,
- frühzeitiges Sättigungsgefühl,
- epigastrischer Schmerz,
- Sodbrennen,
- Anorexie,
- Gewichtsverlust.

Darüber hinaus wissen wir heute, daß Magenentleerungsstörungen nicht nur bei seltenen Syndromen wie z. B. der gastrointestinalen Pseudoobstruktion vorkommen, sondern auch zum klinischen Bild des so häufigen Reizmagens, der „Non-ulcer-Dyspepsie" des angloamerikanischen Sprachraumes gehören (s. Beitrag Hotz).

Es gibt vielerlei Ursachen einer verzögerten Magenentleerung:

- mechanisch,
- metabolisch-endokrin,
- Ulkuskrankheit,
- Gastritis,
- Zustand nach Gastrektomie, Vagotomie,
- Kollagenosen,
- Pseudoobstruktion,
- zentral-nervös,
- Pharmaka,
- idiopathisch.

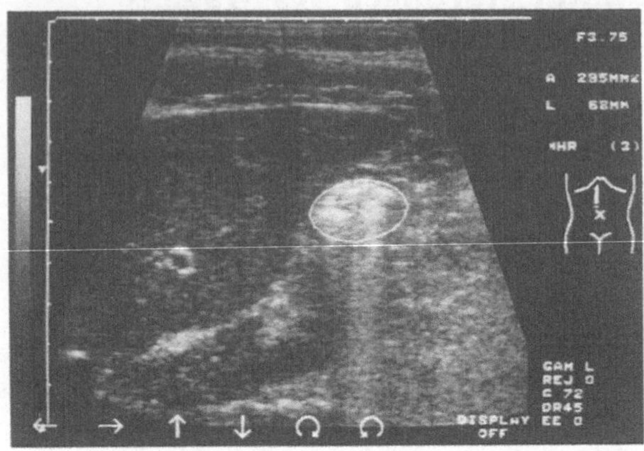

Abb. 1. Sonographischer Längsschnitt durch das Magenantrum mit Retention einer Breimahlzeit bei diabetischer Gastroparese

Sie können zusätzlich noch in akute Zustandsbilder wie z. B. die akute Magenausgangsstenose durch mechanische Ursachen, wie ein Karzinom, oder endokrine, wie die diabetische Ketoazidose, und chronische Magenentleerungsstörungen, wie die diabetische Gastroparese, unterteilt werden. Besonders wichtig für den Patienten war die Entwicklung von Pharmaka mit prokinetischer Wirkung auf den Magen, beginnend mit der bahnbrechenden Einführung von Metoclopramid vor 25 Jahren, dem ersten klinisch breit anwendbaren Prokinetikum.

Diabetische Gastroparese

Unter diabetischer Gastroparese versteht man eine Verzögerung der Magenentleerung bei Patienten mit lange bestehendem, insulinpflichtigem Diabetes mellitus, ohne Vorliegen einer mechanischen Ursache. Die erste Beschreibung dieses Krankheitsbildes erfolgte 1945 durch Rundles (Rundles 1945). Kassander führte im Jahre 1958 den Begriff Gastroparesis diabeticorum für diese Störung ein und wies darauf hin, daß eine große Zahl von diabetischen Gastroparesen asymptomatisch verläuft (Kassander 1958). Auf der anderen Seite sind gastroenterologische Symptome bei Diabetikern sehr häufig. In einer Untersuchung an 136 Diabetikern fanden sich neben Obstipation (60% und Diarrhö 22%) Bauchschmerzen bei 34%, Übelkeit und Erbrechen bei 29% und Schluckbeschwerden bei 27% der Patienten (Feldman u. Schiller 1983); letztere Symptome sind möglicherweise zum Teil auch auf einen Reizmagen zurückzuführen, einem Krankheitsbild mit einer Prävalenz von bis zu 10% in der Bevölkerung.

Die diabetische Gastroparese zählt zum Bild der (generalisierten) diabetischen autonomen Neuropathie, die sich neben dem Gastrointestinaltrakt am kardiovaskulären, urogenitalen, endokrinen und respiratorischen Organsystem manifestiert. Andere Komplikationen des insulinpflichtigen Diabetes mellitus

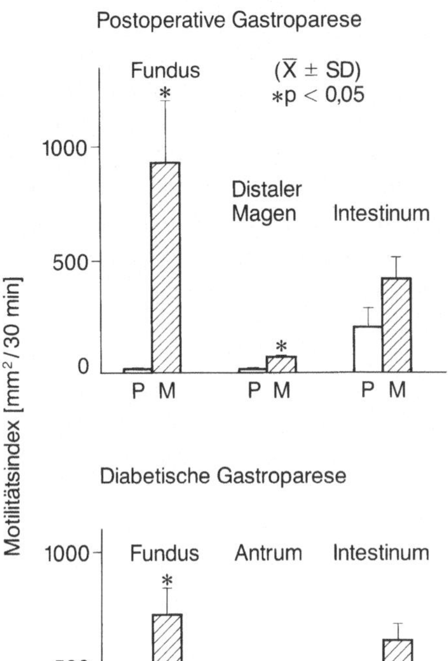

Abb. 2. Effekt von Metoclopramid (*M*) oder Placebo (*P*) auf die Kontraktionen im Fundus und Antrum des Magens sowie im Dünndarm bei postoperativer und diabetischer Gastroparese. (Mit Genehmigung nach Malagelada et al. 1980)

wie periphere Neuropathie, Nephropathie oder Retinopathie können gleichzeitig mit der diabetischen autonomen Neuropathie auftreten; die Assoziation dieser diabetischen Komplikationen ist jedoch nicht obligat.

Die peristaltische Aktivität des Magenantrums ist bei der diabetischen Gastroparese deutlich reduziert, wobei Typ-I-Diabetes, langes Bestehen der Erkrankung und schlechte diabetische Stoffwechsellage, d. h. schlechte Diabeteseinstellung, für die Magenentleerungsstörung prädisponieren. Die peristaltische Aktivität kann bei diesen Patienten durch Cholinergika (z. B. Bethanechol) oder Substanzen mit kombinierter cholinerger und antidopaminerger Wirkung wie Metoclopramid verbessert werden (Malagelada et al. 1980; Abb. 2).

Achem-Karam fand bei Patienten mit diabetischer Gastroparese als wesentliches elektrophysiologisches Merkmal ein Fehlen der phasischen Kontraktionen im Antrum, Duodenum und proximalen Jejunum während der interdigestiven Periode. Metoclopramid erhöhte die antralen und intestinalen Kontraktionen bei Patienten mit diabetischer Gastroparese (wie auch der gesunden Probanden). Innerhalb von 10 min nach intravenöser Gabe von Metoclopramid wurden Phase-III-Aktivitäten des interdigestiven myoelektrischen Komplexes initiiert und normal in den proximalen Dünndarm propagiert, ähnlich der myoelektrischen Aktivität der gesunden Probanden (Achem-Karam et al. 1985). Die Plasmamotilinspiegel waren bei Patienten mit diabetischer Gastroparese – bei erhaltenem Oszillationsmuster – erhöht und sind wohl ohne wesentliche primäre Bedeutung für die Magenmotilitätsstörung des Diabetikers.

Auch eine Funktionsstörung des Pylorus scheint an der Entstehung der diabetischen Gastroparese beteiligt zu sein (Mearin et al. 1985). Bei Diabetikern mit Gastroparese war die Gesamtdauer motorischer Aktivitäten des Pylorus deutlich verlängert. Während die gestörte Magenentleerung für feste Nahrung das typische Frühzeichen einer diabetischen Gastroparese darstellt, kann es in fortgeschrittenen Stadien auch zur Beeinträchtigung der Entleerung von Flüssigkeiten kommen. Orales Metoclopramid normalisierte die verzögerte Magenentleerung bei symptomatischen Diabetikern (Loo et al. 1984); die Ergebnisse einer Langzeittherapie waren jedoch ungünstiger.

Domperidon ist ein potenter Dopaminantagonist wie Metoclopramid, aber ohne cholinerge Wirkung. Während es nach einmaliger oraler Gabe von Domperidon zu einer Verbesserung der Entleerung von fester Nahrung, verbunden mit einer signifikant niedrigeren Retentionsrate nach 100 min, kam, war der Effekt dieser Substanz bei chronischer Anwendung wesentlich geringer, und die Magenentleerung war von der nach Placebogabe nicht unterschiedlich (Horowitz et al. 1985).

In einer Doppelblindstudie an 13 diabetischen Patienten wurde für Metoclopramid, parenteral und oral verabreicht, ein signifikanter Effekt auf die Magenentleerung einer Breimahlzeit demonstriert, dies auch nach längerer Therapie (Saltzman et al. 1981). Patienten mit klinischer Besserung nach Metoclopramid hatten eine signifikant beschleunigte Magenentleerungsrate nach 60 und 90 min im Vergleich zur Untersuchung vor Therapie. Diese Verbesserung der Magenentleerung war jedoch nicht bei allen Patienten zu beobachten. Auch bei den Diabetikern mit gutem Ansprechen auf Metoclopramid war die Magenentleerung noch immer langsamer als bei gesunden Vergleichspersonen. Interessanterweise verbesserten sich die Symptome der Magenentleerungsstörung jedoch bei praktisch allen Patienten mit diabetischer Gastroparese signifikant gegenüber Placebo in dieser Doppelblind-Cross-over-Studie über 3 Wochen. Trotz signifikanter Verbesserung der Symptome zeigten einzelne Patienten eine fast unverändert verzögerte Magenentleerung; der Schluß liegt nahe, daß ein Teil des klinischen Effektes von Metoclopramid bei diesen Patienten auf zentrale antiemetische Effekte zurückzuführen ist.

Eine neue prokinetische Substanz ist Cisaprid. Seine Wirkung ist auf die Ausschüttung von Acetylcholin im Plexus myentericus des gesamten Gastrointestinaltraktes gerichtet. Cisaprid beschleunigt, ähnlich dem Metoclopramid, die Magenentleerung von unverdaulichen Röntgenmarkern bei Patienten mit diabetischer Gastroparese (Feldman u. Smith 1987). Während die Ösophagusentleerung nach 4 Wochen Behandlung mit Cisaprid unbeeinflußt blieb, war die Magenentleerung für feste Speisen und Flüssigkeiten bei 20 Patienten mit diabetischer Gastroparese noch immer signifikant gegenüber Placebo und gegenüber der anfänglichen Untersuchung verbessert (Horowitz et al. 1987). Entsprechend war auch der Symptomenscore bei diesen Patienten signifikant verbessert. Blutzuckerspiegel, HbA_{1c}-Konzentrationen, Insulindosis und die Zahl der hypoglykämischen Zustandsbilder wurden durch die Therapie nicht signifikant verändert; bei einzelnen Patienten wurde eine Zunahme der Häufigkeit von Stuhlentleerungen registriert. Bei Diabetikern mit autonomer Neuropathie ist der postprandiale Blutzuckeranstieg signifikant geringer als bei Diabetikern ohne solche, d. h. Diabetikern mit normaler Magenentleerung (Vogelberg u. Rathmann 1986). Nach Behandlung mit Prokinetika kommt es zu einem Anstieg der postprandialen Blutzuckerverläufe mit der Notwendigkeit der Diät- und Insulinanpassung; postprandiale Hypoglykämien sind auf Grund der verbesserten Magenentleerung seltener zu erwarten.

Gastroparese nach operativen Eingriffen am Magen

Die Gastroparese nach Operationen am Magen ist eine funktionelle Magenentleerungsstörung, bei der − mehr als 4 Wochen nach dem operativen Eingriff − feste Nahrung und manchmal auch Flüssigkeiten durch eine normal weite Gastroenteroanastomose in den oberen Dünndarm, oder in das Duodenum nach Vagotomie, nicht entsprechend entleert werden können. Im Normalfall bestehen interdigestive myoelektrische Komplexe bei Operierten in derselben Frequenz wie bei gesunden Kontrollen. Im Gegensatz dazu fand Malagelada bei 8 von 9 Patienten mit postoperativer Gastroparese ein Fehlen von interdigestiven myoelektrischen Komplexen. Die postoperativen Kontrollen zeigten eine normale Anzahl von Phase-III-Aktivitäten sowohl im Magen als auch im Duodenum (Malagelada et al. 1980).

Die trunkuläre Vagotomie, deren Hauptziel ja die Verminderung der Säuresekretion im Magen ist, hat auch deutliche Effekte auf die Magenmotilität. Neben der bereits erwähnten Störung der interdigestiven myoelektrischen Komplexe, welche zu einer Retention von im Magen unverdaulichen festen Nahrungsmitteln und damit zur Bezoarbildung führt, unterdrückt die Vagotomie auch die rezeptive Relaxation und Akkomodation, was zu frühzeitigem Sättigungsgefühl und einer beschleunigten Entleerungsrate für Flüssigkeiten führt. Die trunkuläre Vagotomie vermindert auch die Kraft der Kontraktionen im Antrum. Dies verlängert die Zeit, welche erforderlich ist, um feste Nahrung auf die für den Dünndarm erforderliche Größe zu zermahlen.

Die Effekte der trunkulären Vagotomie und Pyloroplastik auf die Magenentleerung sind bei den meisten Patienten nur passager. Bei bis zu 10% der Patienten sind jedoch die Symptome einer chronischen Magenentleerungsstörung so ausgeprägt, daß eine chirurgische Revision erforderlich ist. Aus diesen Gründen hat sich zunehmend die selektive proximale Vagotomie durchgesetzt. In einer Untersuchung an 17 Patienten mit selektiver proximaler Vagotomie zur Behandlung eines Ulcus duodeni war die Verzögerung der Magenentleerung für feste Nahrung nur 2 Wochen nach der Operation zu beobachten, während nach 6 Monaten die Magenentleerung sich nicht mehr signifikant vom präoperativen Befund unterschied (Mistiaen et al. 1990). Wie auch bei der diabetischen Gastroparese hat Metoclopramid einen signifikanten Effekt auf die Kontraktionen im Magenfundus und Antrum im Vergleich zu Placebo bei der postoperativen Gastroparese, in diesem Fall trunkuläre Vagotomie und Pyloroplastik (Malagelada et al. 1980; Abb. 2).

Sowohl parenterale als auch orale Gabe von Metoclopramid führte zu einer signifikanten Verbesserung der Magenentleerung einer Breimahlzeit in einer Doppelblindstudie an 10 Patienten, welche mehr als 2 Monate vor der nuklearmedizinischen Magenentleerungsuntersuchung entweder eine Vagotomie mit Magenteilresektion oder eine Vagotomie mit Pyloroplastik erhalten hatten (McCallum et al. 1980). Die Langzeitgabe von oralem Metoclopramid in einer Dosierung von 4mal 10 mg täglich führte zu einer signifikanten Verbesserung der Symptome einer Magenentleerungsstörung in einer Doppelblindstudie über 3 Wochen. So wie auch bei der diabetischen Gastroparese dürfte ein Teil der symptomatischen Erfolge auf die zentralen Effekte von Metoclopramid als Antiemetikum zurückzuführen sein (Albibi u. McCallum 1983).

Auch Domperidon ist bei der postoperativen Gastroparese wirksam. Nach intravenöser Injektion von 20 mg beschleunigte sich die verzögerte Magenentleerung von fester Nahrung in signifikanter Weise. Die Entleerungsrate war über 2 h nach Injektion von Domperidon im Normalbereich (Albibi et al. 1983). Die Wirkung von Cisaprid (10 mg intravenös) bei Patienten mit einer Magenentleerungsstörung nach Magenoperation war noch ausgeprägter (McCallum et al. 1986). Im Vergleich zu einer deutlich verzögerten Magenentleerung ohne Medikation führte die Gabe von Cisaprid zu einer signifikanten Beschleunigung der Magenentleerung, die über 120 min nach Injektion in dieser Untersuchung völlig normal verlief.

In ähnlicher Weise sind Prokinetika auch bei anderen Formen der Magenentleerungsstörung wirksam, so bei der sog. idiopathischen Gastroparese oder auch der Anorexia nervosa. In einer Untersuchung von Stacher war die Magenentleerung einer Breimahlzeit bei 8 von 12 Patienten mit Anorexia nervosa deutlich verzögert, mit einer Halbwertszeit der Magenentleerung von 127 min im Mittel gegenüber 47 min bei gesunden Kontrollen (Stacher et al. 1987). Der Effekt von Cisaprid war in dieser Untersuchung besonders stark bei Patienten mit ausgeprägter Magenentleerungsstörung. Im Gegensatz zu Placebo war Cisaprid bei allen Patienten mit primärer Anorexia nervosa wirksam. Ein ähnlicher Effekt bei Patienten mit Anorexia nervosa wurde auch für Metoclopramid gezeigt (McCallum et al. 1985).

Die Diagnose und Behandlung von Magenentleerungsstörungen ist durch die Fortschritte auf dem Gebiet der Pathophysiologie der gastrointestinalen Motilität und die Einführung von prokinetischen Pharmaka wesentlich erleichtert worden. Der richtige Zugang zur Behandlung von Patienten mit Magenentleerungsstörungen beginnt immer bei der genauen Suche nach einer Grunderkrankung. Ist eine Grunderkrankung wie z. B. ein peptisches Ulkus oder ein Diabetes mellitus festgestellt worden, muß diese Grunderkrankung behandelt werden, und in vielen Fällen wird die Magenentleerungsstörung durch diese Behandlung der Grunderkrankung zu beheben sein. Dies gilt insbesondere für akute Zustandsbilder bei Stoffwechselentgleisungen wie Hyperglykämie oder diabetische Ketoazidose, ist aber auch bei einzelnen Fällen von diabetischer Gastroparese möglich; es gibt Einzelbeobachtungen über eine spontane Verbesserung einer verzögerten Magenentleerung auch bei diabetischen Patienten mit autonomer Neuropathie durch genaue Blutzuckereinstellung.

Diätberatung und, falls erforderlich, Nahrungsaufbau sind wesentliche Grundlage der Behandlung von Magenentleerungsstörungen. Viele Patienten mit Gastroparese haben Gewicht verloren, manche sind sogar katabol. Das primäre Ziel ist, die Nahrungsaufnahme zu erhöhen, möglichst über den oralen Weg. Prinzipiell werden Flüssigkeiten besser vertragen als feste Nahrung. Es ist daher günstig, insbesondere die Zufuhr von hochkalorischen Flüssigkeiten zu erhöhen, da die Magenentleerung für Flüssigkeiten weniger oder später betroffen ist als die Entleerung für feste Nahrung. Auf Grund des Fehlens einer interdigestiven motorischen Aktivität sollten möglichst isotone Getränke ausgewählt werden. Nachdem Ballaststoffe die Magenentleerung verlangsamen, wird eine faserreiche Kost bei Patienten mit Gastroparese die Symptomatik noch verschlimmern und ist daher zu vermeiden. Diese Entscheidung ist natürlich dann schwierig, wenn eine zusätzliche chronische Obstipation eine solche ballastreiche Kost indizierte.

Wie McCallum vor kurzem festgestellt hat, ist Metoclopramid immer noch der Goldstandard für prokinetische Pharmaka; es ist diejenige Substanz, über die die meisten Untersuchungen und die größten Erfahrungen vorliegen. Cisaprid scheint das erste Prokinetikum mit Wirkung auf den gesamten Gastrointestinaltrakt, vom Ösophagus bis zum Kolon zu sein. Neue Substanzen wie Erythromycinanaloga, Substanzen mit motilinagonistischer Wirkung, sind jedoch bereits in klinischer Prüfung und werden das Spektrum prokinetischer Substanzen möglicherweise erweitern (Janssens et al. 1990).

Literatur

Achem-Karam SR, Funakoshin A, Vinik AI, Owyang C (1985) Plasma motilin concentration and interdigestive migrating motor complex in diabetic gastroparesis: effect of metoclopramide. Gastroenterology 88:492–499

Albibi R, McCallum RW (1983) Metoclopramide: pharmacology and clinical application. Ann Intern Med 98:86–95

Albibi R, Du Bovic S, Lange RC, McCallum RW (1983) A dose response study on the effects of domperidone on gastric retention states in man. Am J Gastroenterol 78:679–685

Feldman M, Schiller LR (1983) Disorders of gastrointestinal motility associated with diabetes mellitus. Ann Intern Med 98:378–384

Feldman M, Smith HJ (1987) Effect of cisapride on gastric emptying of indigestible solids in patients with gastroparesis diabeticorum. Gastroenterology 92:171–174

Horowitz M, Harding PE, Chatterton BE, Collin PJ, Shearman DJC (1985) Acute and chronic effects of domperidone on gastric emptying in diabetic autonomic neuropathy. Dig Dis Sci 30:1–9

Horowitz M, Maddox A, Harding PE, Maddern GJ, Chatterton BE, Wishart J, Shearman DJ (1987) Effect of cisapride on gastric and esophageal emptying in insulin-dependent diabetes mellitus. Gastroenterology 92:1899–1907

Janssens J, Peeters TL, Vantrappen G et al. (1990) Improvement of gastric emptying in diabetic gastroparesis by erythromycin. N Engl J Med 322:1028–1031

Kassander P (1958) Asymptomatic gastric retention in diabetics (gastroparesis diabeticorum). Ann Intern Med 48:797–812

Loo FD, Palmer DW, Soergel KH, Kalbfleisch JF, Wood CM (1984) Gastric emptying in patients with diabetes mellitus. Gastroenterology 86:485–494

Malagelada JR, Rees WDW, Mazzota LJ, Vay Liang WG (1980) Gastric motor abnormalities in diabetic and postvagotomy gastroparesis: effect of metoclopramide and betanechol. Gastroenterology 78:286–293

McCallum RW, Saltzman M, Meyer C (1980) Effect of metoclopramide in chronic gastric retention after gastric surgery. Clin Res 28:765 A

McCallum RW, Grill BB, Lange R, Planky M, Glass EE, Greenfeld DG (1985) Definition of a gastric emptying abnormality in patients with anorexia nervosa. Dig Dis Sci 30:713–722

McCallum RW, Petersen J, Lange R (1986) Cisapride accelerates gastric emptying of solid and liquid meal components in patients with gastric stasis. Gastroenterology 90:1541

Mearin F, Camilleri M, Malagelada JR (1985) Pylorospasm in diabetic gastroparesis. Dig Dis Sci 30:783

Mistiaen W, Hee R van, Block P, Hubens A (1990) Gastric emptying for solids in patients with duodenal ulcer before and after highly selective vagotomy. Dig Dis Sci 35:310–316

Rundles RW (1945) Diabetic neuropathy: general review with report of 125 cases. Medicine (Baltimore) 24:111–160

Saltzman M, Meyer C, Callachan C, McCallum RW (1981) Effect of metoclopramide on chronic gastric stasis in diabetic and post-gastric surgery patients. Gastroenterology 80:1268

Stacher G, Bergmann H, Wiesnagrotzki S et al. (1987) Intravenous cisapride accelerates delayed gastric emptying and increases antral contraction amplitude in patients with primary anorexia nervosa. Gastroenterology 92:1000–1006

Vogelberg KH, Rathmann W (1986) Sonographische Kriterien zur Untersuchung der Magenmotilität bei Diabetikern mit autonomer Neuropathie. Dtsch Med Wochenschr 111:1687–1691

Diskussion

Hotz:
Besteht nach dem heutigen Stand der Kenntnisse bereits eine mögliche differentialtherapeutische Empfehlung oder würde diese der klinischen Situation nicht gerecht werden?

Knoflach:
Ich habe bewußt auf eine derartige zusammenfassende Darstellung verzichtet, da diese meines Erachtens zum jetzigen Zeitpunkt auch aus der Sicht eines Klinikers nicht möglich ist. Es lag mir besonders daran, darzustellen, daß Symptome und Funktionsstörungen nicht immer bei dem gleichen Patienten korrelieren, wie dies im Beispiel einer diabetischen Gastroparese vielleicht möglich ist.

Teilnehmer:
Sie haben gezeigt, daß Domperidon nach einer Therapiedauer von ca. 2 Wochen seinen Effekt verliert. Ähnliches ist meines Erachtens für Metoclopramid bekannt. Wie steht es in diesem Zusammenhang mit Cisaprid, und ist es richtig, diese Substanz als das Mittel der ersten Wahl einzusetzen, besonders wenn es um eine Langzeitbehandlung geht?

Knoflach:
Es gibt eine Reihe von Langzeitproblemen. Es ist richtig, daß Metoclopramid und besonders Domperidon und wahrscheinlich auch Cisaprid ihre Effekte verlieren können. Im einzelnen ist jedoch die Frage nicht geklärt, ob Cisaprid auch unter diesem Aspekt den anderen Prokinetika überlegen ist, abgesehen von Patienten mit gleichzeitiger Obstipation, die am besten durch den propulsiven Effekt von Cisaprid auch auf den Dickdarm durch diese Substanz gleichzeitig mitbehandelt werden. Ein mögliches Problem für diese Wirkung auf die intestinale propulsive Motilität ist, daß derartige Prokinetika auch den Zuckerstoffwechsel verändern können, durch Veränderung der Dynamik der Kohlenhydratresorption. Hier gibt es noch zahlreiche offene Fragen für die Zukunft.

Hellenbrecht:

In diesem Zusammenhang ist es interessant, daß Schade gezeigt hat, daß nach
einer Behandlung über 4 Wochen wohl die Symptome, nicht aber die Motilitätsstörungen verbessert wurden, ein Widerspruch, den wir in zukünftigen Studien weiter beachten müssen.

Hotz:

Meines Erachtens ist es wichtiger, auf die klinischen Ergebnisse, d. h. die Verbesserung der Symptome, zu achten als auf Veränderungen der Motilität. In
diesem Zusammenhang will ich festhalten, daß es sehr schwierig ist, klinische
Studien beim Reizmagensyndrom durchzuführen, insbesondere angesichts einer sehr hohen spontanen Rückbildungsrate von zahlreichen Beschwerden unter Placebobehandlung. Es ist deshalb ratsam, bei einem individuellen Patienten je nach Symptomen zunächst eine medikamentöse Behandlung zu begin-
nen und über 1–2 Wochen zu verfolgen. Führt diese nicht zum gewünschten
Rückgang der Beschwerden, so sollte umgesetzt werden. Sicherlich bedarf dieses Verfahren neben der diagnostischen auch einer hohen therapeutischen Er-
fahrung, um den zahlreichen Patienten gerecht zu werden.